Die wissenschaftliche Abschlussarbeit

Hans-Jörg Günther

2. überarbeitete und ergänzte Auflage

Wissenschaft

ist eine ewige Suche nach Erkenntnis unter Anwendung von Arbeitsweisen, welche insbesondere die Objektivität, Nachvollziehbarkeit und Richtigkeit von Erkenntnissen als höchste Wertmaßstäbe anlegen.

Dabei ist Wissenschaft frei von Moral, aber nicht frei von Verantwortung.

Keine Erkenntnis ist ewig und keine wirklich wahr. Manche Erkenntnis hält sich länger und wird dadurch wahrer. Was bleibt: der Zweifel am Bekannten und der Glaube an das Unbekannte und der Zauber der Erkenntnis.

Der Homo sapiens kann nicht viel wissen oder gar verstehen. Aber das Fragen, das Suchen, das Anklopfen an die Tür der Schöpfung – das ist das Tagwerk des Wissenschaftlers.

Meinen Studiosi zum Geleit HJG

Die wissenschaftliche Abschlussarbeit

Hans-Jörg Günther

2. überarbeitete und ergänzte Auflage

Bibliografische Information der Deutschen Nationalbibliothek:
Die Deutsche Nationalbibliothek verzeichnet diese Publikation
in der Deutschen Nationalbibliografie; detaillierte bibliografische Daten sind im Internet über http://dnb.dnb.de abrufbar.

Korrektorat: Barbara Seidl
Herstellung und Verlag: BoD – Books on Demand, Norderstedt

ISBN: 978-3-7534-0906-1

Inhaltsverzeichnis

1 Einleitung

Die Prüfungen sind geschafft. Das Ende des Studiums und der Karrierestart stehen vor der Tür. Die Abschlussarbeit ist nun die letzte Aufgabe vor einem erfolgreichen Studienende und sie sollte zugleich eine starke Basis für die Bewerbung und den beruflichen Einstieg sein. Dieses Büchlein führt immer wieder auf das Big Picture der Arbeit zurück und stellt immer wieder Grundsatzfragen, um auf den Kern der Arbeit zurück zu verweisen. Dem solltest du unbedingt folgen! Die scheinbare Redundanz mancher Fragen ist, bei tieferer Betrachtung, eine Abfolge von Entwicklungsständen und Perspektivwechseln. Sei gründlich und laufe immer am roten Faden entlang, es wird sonst schnell unübersichtlich!

Studenten finden in diesem Büchlein eine einfache, effiziente und leicht zu überblickende **Guideline** für das anspruchsvolle Projekt Abschlussarbeit. Hinweise zu **Gliederung** und Arbeitsweise werden durch **Checklisten** ergänzt. Im Intro finden sich ein paar Gedanken dazu, was **Wissenschaftlichkeit** ist.

Das Erfolgsgeheimnis guter Abschlussarbeiten liegt in **Themenwahl, Strategie und Kontinuität**. Dieses Büchlein liefert die Strategie, hilft bei der Themenwahl und unterstützt eine realistische Planung für kontinuierliches Arbeiten. Nur machen musst du es noch selbst.

Studierende aller Identitäten werden auf Augenhöhe und mit gleichem Respekt in diesem Text angesprochen. Lesbarkeit geht vor politischer Korrektheit.

Mit besten Wünschen für maximale Erfolge!

Hans J. Günther,
Dresden, 2021

2 Wissenschaftlichkeit

Wissenschaftliches Arbeiten wird in vielen guten Büchern ausführlich erklärt. Finde eines dieser Bücher, welches zu deiner Fachrichtung passt, und lies es, bevor du mit deiner Abschlussarbeit startest. Wissenschaftlichkeit definiert sich über **Arbeitsweisen**, **Form** der **Darstellung** von **Voraussetzungen**, **Erkenntnisweg** und **Ergebnis** sowie über einige weitere Kriterien, die daran als Bewertungsmaßstab angelegt werden müssen. Wissenschaftlichkeit entsteht ausdrücklich *nicht* durch korrektes Formatieren oder richtiges Zitieren! Beides ist wichtig, erzeugt aber keine Wissenschaftlichkeit. Man kann auch korrekt formatierten Unfug schreiben. Bedenke auch, dass akademisches und intellektuelles Getue keine Wissenschaftlichkeit ausmacht, sondern meistens eher peinlich ist! **Klarheit und Einfachheit** sind die Juwelen der Sprache.

Beachte, dass eine Arbeit in den exakten Wissenschaften, also in den MINT Fächern, anders aufgebaut wird als in den Sozial- und Geisteswissenschaften. Die ausgeführten Aussagen und gefundenen Ergebnisse sollen auch eine andere Belastbarkeit im Inhalt aufweisen. Es ist ein Unterschied, ob man über methodische Varianten der Grundschulpädagogik im Fach Hauswirtschaft schreibt oder eine Rakete konstruieren will, die zum Mars fliegen kann. In den exakten Wissenschaften wird die Arbeit streng wissenschaftlichen Kriterien folgen, während in anderen Richtungen die Ansprüche an die Wissenschaftlichkeit aufgrund der eher „weichen Materie" anders zu gestalten sind.

Dieses Büchlein fokussiert weitgehend auf wissenschaftliches Arbeiten im Sinne exakter Wissenschaftsdisziplinen. Für andere Fachrichtungen sind die dort empfohlenen und oft sehr weichen Kriterien besser geeignet und entsprechend anzuwenden. Es sei in diesem Kontext auf die Diskussionen um den Szientismus verwiesen, die keineswegs neu sind, aber bisher weder erschöpfend geklärt wurden noch hierhergehören. In diesem mini werden vordergründig Studierende der exakten Wissenschaften angesprochen, ohne andere Fachrichtungen auszuschließen. Es gibt nur eine Wissenschaft, aber es gibt auch eine Reihe von Kompromissen dazu, was alles als wissenschaftlich gelten solle. Zumindest deine erste wissenschaftliche Arbeit, in der Regel die Bachelor Thesis, sollte noch wissenschaftlichen Kriterien im belastbaren Sinne entsprechen.

Das wissenschaftliche Arbeiten und die Wissenschaft selbst bilden eine Form des Erkenntnisgewinns. Eine Reduktion aller Erkenntniswege auf die Wissenschaft wäre die Beanspruchung einer einzigen Wahrheit und das wiederum ist unwissenschaftlich. Dennoch ist es sehr wesentlich, die Erkenntniswege und die zu wählenden erkenntnistheoretischen Ansätze abzuwägen und der konkreten Fachrichtung entsprechend zu verwenden.

Wissenschaft ist ein Prozess. Was immer man an Erkenntnis hat, ist immer nur der aktuelle Stand in diesem Augenblick der Erkenntnis. Nicht mehr und nicht weniger. Andere Betrachtungsweisen sind vielleicht nicht wissenschaftlich, können aber dennoch sehr wertvoll sein! Wissenschaft muss offen bleiben für das Andersartige und gleichsam klar abgrenzen, was strenge, belastbare Wissenschaft ist und was eben nicht. Nur so besteht ausreichende Klarheit darüber, was belastbare Aussagen sind, die ggf. auch als Prämissen einer streng wissenschaftlichen Arbeit dienen können, oder was Betrachtungen sind, die zwar inspirierend, vielleicht innovativ oder grundsätzlicher Natur sein mögen und damit überaus wertvoll, aber eben nicht belastbar genug für exakte Wissenschaft. Deine Arbeit muss diese Abgrenzung von Anfang bis Ende leisten!

Die nachfolgend nur einführend oder erinnernd und mithin oberflächlich dargestellten Eigenschaften von wissenschaftlichem Arbeiten sind von „unverzichtbar" zu „auch wichtig" absteigend angeordnet. Die Reihenfolge ist in diesem Sinne willkürlich wertend angelegt und soll als Orientierung dienen.

2.1 Objektivität

Wissenschaftlichkeit fordert die **Unabhängigkeit der Erkenntnis vom Betrachter**. Ein Ergebnis muss von anderen Fachleuten genauso gefunden werden wie von demjenigen, der es zuerst notierte. Ist der Betrachter Teil der Erkenntnis, geht die Objektivität verloren und die Erkenntnis wird subjektiv, was wiederum nicht wissenschaftlich ist.

2.2 Reproduzierbarkeit (Wiederholbarkeit)

Ein **Ergebnis muss jederzeit reproduzierbar sein**. Man muss dieselbe Erkenntnis bei gleichem Vorgehen und gleichen Bedingungen immer wieder finden. Hierbei kann diskutiert werden, ob dieselbe Erkenntnis auch auf anderem Wege zu finden sein soll und wie die Rahmenbedingungen genau zu definieren und ggf. zu variieren sind. Grundsätzlich jedoch ist die Reproduzierbarkeit essenziell. Es muss unterschieden werden, wie groß die Menge an reproduzierten Ergebnissen sein soll. Eine Raumsonde kann ihren Weg zu Proxima Centauri nicht mehrere hundert Male wiederholen, um statistisch gesicherte Werte zu liefern. In solchen Fällen kann man jedoch auch andere Maßnahmen ergreifen, um ausreichend gesicherte Ergebnisse zu erhalten.

2.3 Transparenz (Überprüfbarkeit)

Eine Erkenntnis muss überprüfbar sein. Das bezieht sich vor allem auf die kleinschrittige Darstellung des Erkenntnisweges. Es muss **für einen außenstehenden Fachmann nachvollziehbar** sein, **wie die Erkenntnis aus den Prämissen, Beobachtungen, Berechnungen, Messungen usw. entwickelt wurde**. Dies betrifft die vollständige Darstellung belastbarer Prämissen ebenso wie die Darstellung jeder Entscheidungsfindung, jedes

Gedankenganges, jedes Rechenschrittes und jeder Messung, eine Darstellung von Maschinen, Geräten, Experimentalaufbauten und sonstigen Details. Es darf an keiner Stelle der Darstellung die Frage „Wie kommt der Autor von Schritt A zu Schritt B?" auftauchen und die Formulierung „wie man leicht sieht" ist hierbei unzulässig. Man muss es wirklich leicht sehen können. Die Klarheit im Satz ist auch Zeichen der Klarheit im Kopf. Was du verstanden hast, kannst du auch verständlich ausdrücken und in klaren, einfachen Sätzen niederschreiben.

2.4 Zuverlässigkeit (Reliabilität)

Eine Erkenntnis muss ebenso zuverlässig sein wie der Weg, auf welchem sie gefunden wurde und die Prämissen, auf denen sie aufsetzt. Man kann die Reliabilität als statistisches Maß konkret bestimmen und sollte dies auch tun.

Reliabilität ist eine Voraussetzung für Validität[1]. Reliabilität lässt sich an drei Kriterien festmachen:

- **Stabilität**: siehe auch Wiederholbarkeit. Wann immer man die Betrachtung, Beobachtung, Messung usw. wiederholt, kommt man zu derselben Erkenntnis oder zumindest einem hinreichend nah dran liegenden Ergebnis (Statistische Streuungen sind meistens zu akzeptieren, wobei deren Streubreite ein wesentliches Maß für die Qualität der Erkenntnis ist). Stabilität beinhaltet auch **Robustheit**. Ein Ergebnis ist nur dann wissenschaftlich verwertbar, wenn es eine gewisse Mindesttoleranz gegen Störeinflüsse hat und eine gewisse **Persistenz** in seinem Dasein aufweist. So haben z.B. künstlich hergestellte chemische Elemente eine Mindestlebensdauer, unter welcher sie nicht mehr als

---

[1] Google: Reliabilitäts-Validitäts-Dilemma

Element gelten. Solche Definitionen verändern sich mit zunehmendem wissenschaftlich-technischem Fortschritt, aber sie sind notwendig, um sinnvolle, gesicherte, nachvollziehbare Ergebnisse, sozusagen Ergebnisse mit einer gewissen Mindestqualität, zu definieren.

- **Konsistenz**: Fasse nur das unter einem Begriff zusammen, was auch zusammengehört. Dies kann ein Merkmal, ein Messwert, ein Index, ein Mengenbezeichner usw. sein. Wichtig ist hier nur, dass inhaltliche Übereinstimmung gesichert wird und keine (zu starke) Überdeckung von Merkmalen verschiedener Begriffe akzeptiert wird. In diesem Falle schärfe deine Begriffe und differenziere deine Betrachtung!

- **Äquivalenz**: Messungen, Umfragen, Beobachtungen, Rechenwege können durchaus sehr verschieden sein und dennoch dasselbe Ergebnis liefern. In diesem Falle heißen die benutzten Untersuchungsmethoden äquivalent. Diese Äquivalenz muss unter Umständen explizit nachgewiesen werden.

2.5   Statistische Unterlegung

Dieser Parameter bezieht sich unter anderem auf **Zuverlässigkeit und Genauigkeit**, soll aber separat genannt werden. Statistik kann zeigen, **wie belastbar eine Erkenntnis ist**. Das ist sehr wesentlich für Evidenzbetrachtungen und andere Merkmale wissenschaftlicher Arbeit. Statistische Betrachtungen liefern also Kennwerte, welche den Wert einer Erkenntnis, der ihrer Findung zugrunde liegenden Methoden sowie die Belastbarkeit der ganzen Betrachtung als Beitrag zur Wissenschaft allgemein bewertbar machen.

Sichere vor Beginn deiner wissenschaftlichen Arbeit, dass du genug statistische Basis herstellen kannst, um zu zeigen, wie weit dein Ergebnis als wissenschaftlich zu erkennen ist. Kannst du deine Betrachtungen nicht statistisch absichern, musst du entweder einen anderen Weg zur Absicherung finden oder du musst kenntlich machen, dass und in welcher Form und Menge dies eine der nachfolgenden Aufgaben sein muss, um diese Erkenntnis in Folgearbeiten genauer zu hinterfragen und/oder abzusichern. Hierfür ist im Ausblick am Ende deiner Arbeit der richtige Platz.

2.6   Validität (Gültigkeit)

Gütigkeit ist gegeben, wenn die beobachtete oder gemessene Tatsache mit der theoretisch begründeten Erwartung übereinstimmt. Dies geschieht in aller Regel durch Herleiten einer somit begründeten Erwartungshaltung, deren Formulierung als Thesen und nachfolgende Messung oder Beobachtung des Phänomens mit dem Ziel, diese Thesen zu widerlegen (falsifizieren im Idealfall) oder zu bestätigen (möglichst verifizieren und validieren).

Diese Übereinstimmung zwischen Vorhersage und Tatsache muss geprüft werden, um Trugschlüsse, Täuschungen, Fehlerfortpflanzungen, Interferenzeffekte usw. auszuschließen. Weiterhin muss bei fehlender oder zu ungenauer Übereinstimmung geprüft werden, ob Theorie oder Messung oder beides unzureichend ist. Wissenschaftlich ist es erst, wenn beides als zuverlässig erkannt wurde und die Übereinstimmung mit sachbezogen ausreichender Genauigkeit festgestellt werden konnte.

Validität bedeutet auch, dass die betrachtete Fragestellung einen praktischen Bezug haben muss. **Validität entsteht in diesem Sinne aus dem Kontext bisherigen Wissens,** indem unbekannte oder ungesicherte Erkenntnisse hinterfragt oder ganz neu nachgefragt werden. Diese Fragen entstehen in der Regel aus auftauchenden Problemen bei der Anwendung einer Theorie oder fehlendem Wissen zur Lösung eines lebenspraktischen Problems.

Fragen, die ohne einen solchen Kontext sind, können durchaus auch wissenschaftlich bearbeitet werden, aber die Qualität einer solchen Erkenntnis darf in Frage gestellt werden.

2.7 Präzision und Richtigkeit

Richtigkeit ist ein mutiges Kriterium, weil sie sprachlich eine absolute Wahrheit einfordert, die es (je nach erkenntnistheoretischem Weltbild und wissenschaftstheoretischer Methode) nicht gibt. Vielmehr ist **Richtigkeit der Abstand eines Ergebnisses von dem** (vermuteten oder vorhergesagten, berechneten) **wahren Wert.** Wahrheit definiert sich hier meistens als Übereinstimmung von Beobachtung oder Messung und begründeter Erwartung.

Eine Erkenntnis wird statistisch abgesichert und dafür unter anderem oft wiederholt. Dabei entsteht eine gewisse Streuung der erhaltenen Werte. Die Streuung der Werte trifft eine Aussage über die Genauigkeit der Betrachtung. Je geringer die Streuung, umso präziser die Betrachtung. Mittelt man diese streuenden Ergebnisse oder bildet deren Schwerpunkt etc., wird dieser in gewissem Maße vom theoretischen und als richtig angenommenen Wert abweichen. Ist diese Abweichung im fachlichen Kontext gering, gilt die Erkenntnis als richtig. Wird ein aus sachlogischen Überlegungen begründetes Maß der Abweichung überschritten, gilt die Erkenntnis als ungesichert oder falsch. Bei zu großer Abweichung ist zu prüfen, ob die Erkenntnis nicht richtig oder die Vorhersage fehlerhaft ist. Bisweilen tritt beides ein.

2.8 Fundiertheit

Eine Erkenntnis gilt als fundiert, wenn ihr Fundament, also die **zugrunde liegenden Annahmen, Voraussetzungen, gewählten Theorien und verwendeten Methoden, als solide und belastbar** bekannt sind. Es soll keine Unsicherheit oder gar Unwahrheit in die Erkenntnis einfließen und es soll kein Fehler in den Erkenntnisweg eingetragen werden.

Insbesondere die zugrunde gelegte Literatur soll hochwertig sein. Wichtigstes Kriterium für die Fundiertheit der Literatur ist die Peer Review. Nur mittels **Peer Review geprüfte Artikel sind zulässig,** das benutzte Journal soll möglichst nicht im Ruf stehen, betrügerisch zu arbeiten.

2.9   Relevanz

Eine Erkenntnis ist wissenschaftlich **relevant, wenn sie die vorhandene Wissensbasis zu einem Thema zuverlässig erweitert oder bestehende Erkenntnisse präzisiert, absichert oder ergänzt.** Sie ist ebenfalls relevant, wenn sie eine **bisher akzeptierte Erkenntnis widerlegt** und so Fehler aus dem Wissensgebäude zu entfernen hilft. Relevanz grenzt somit an den Begriff der Validität an.

Ein Beitrag zur Wissenschaft soll möglichst eine praktische oder zumindest in der Grundlagenforschung konkret bestehende und als von allgemeinem Interesse erkannte Frage betrachten. Es gibt unsinnige Forschung. Diese kann wissenschaftlich korrekte Erkenntnisse liefern, aber dennoch keinerlei Mehrwert für die Menschheit, die Wissenschaftsgemeinde, konkrete Verwerter oder auch nur engere Fachkreise haben. Diese fragwürdigen Betrachtungen sind zwar zulässig, aber erfüllen nicht die Kriterien für *gute* Wissenschaft.

Weiterhin sind **ethische Überlegungen** darüber anzustellen, ob ein Forschungsgegenstand wirklich beforscht werden soll. Dies kann z.B. zu diskutieren sein, wenn es um die Herstellung von gentechnisch neu gestalteten Pflanzen, Tieren, Menschen geht, in der KI um Beiträge zur starken KI, in der Robotik um militärisch einsetzbare Robotersoldaten, in der Waffenforschung allgemein ebenso wie in Fragen der Expansion ins Weltall. Das bedeutet keineswegs, dass diese Forschungen generell negativ zu bewerten sind. Es bedeutet aber durchaus, dass diese Forschungsgegenstände besonders sorgfältig geprüft, begründet, immer wieder hinterfragt, streng kontrolliert und ggf. restriktiv publiziert werden müssen. Wähle für deine Abschlussarbeit möglichst kein solch kontroverses Thema, es hängt dir ewig an und gehört zu den nicht zuverlässig entfernbaren Jugendsünden.

2.10 Empirie

Empirie ist die systematische Sammlung von Daten. Diese Daten ermöglichen das Gewinnen von Erkenntnissen oder manchmal auch nur das Formulieren von Hypothesen, welche nachfolgend bestätigt, bewiesen oder widerlegt werden müssen. Die Empirie ist demnach eine reale Erfahrung und sollte jeder Theorie zur Seite gestellt werden. **Eine Theorie ohne Empirie ist nicht viel wert**. Erst die empirische Bestätigung durch Anwendung der Theorie sorgt schrittweise für die Anerkennung der Theorie und für deren Bestätigung. Bisweilen widerlegt die Empirie auch die theoretischen Überlegungen durch Gegenbeispiele.

Grundsätzlich kann man sagen, dass eine Empirie ohne Theorie zwar genauso unvollständig ist wie eine Theorie ohne Empirie. Aber die Empirie ist in aller Regel von weitaus größerem Wert, weil sie bereits durch sich selbst, sie ist ja schon eine belastbare Erfahrungsbasis, als richtig und tragfähig erkannt wurde. Eine Theorie kann gänzlich falsch und unbrauchbar sein, ohne dass man das auf den ersten Blick bemerkt. Man kann jahrzehntelang damit arbeiten und herumtheoretisieren, ohne irgendeinen Fehler zu bemerken, gleichwohl die Theorie völliger Unfug ist. Erst die **Empirie entscheidet über den tatsächlichen Wert einer Theorie**. So entscheidet sich z.B. jede Chemie stets im Labor und nicht am Computerbildschirm im Moleküldesign oder in der Synthesesimulation.

Das Gegenstück von Empirie ist die Evidenz. Evidenz ist ein problematischer Begriff, weshalb er hier nicht als eigener Punkt auftaucht. Evidenz beschreibt nach Duden „unmittelbare und vollständige Einsichtigkeit, Deutlichkeit, Gewissheit". Das ist wackelig und eher in den so genannten Geisteswissenschaften zu verorten. In der Naturwissenschaft und Technik braucht es keine Evidenz als eigenen Begriff, weil die Messung, die mathematisch formulierte Theorie, die Beobachtungsmethodik, der Nachweis usw. exakte Ergebnisse liefern und man daher nicht auf streitbare Einsichtigkeiten plädieren muss.

Empirische Untersuchungen sind überaus wertvoll, aber in einer wissenschaftlichen Abschlussarbeit gleichermaßen riskant, weil sehr aufwändig. Diesen Aufwand muss man leisten können und das ist in der begrenzten Zeit selten möglich. Vielleicht kann man eine Arbeit verfassen, in welcher das Setting, die Arbeitsmethodik usw. für eine empirische Untersuchung erarbeitet, die Durchführung selbst aber auf die Zeit nach der Arbeit vertagt wird.

2.11 Begriffswelt

Begriffe sind die Werkzeuge geistiger Arbeit. Sie sollen demnach gut geschärft werden. **Eine Begriffswelt muss in sich konsistent, logisch widerspruchsfrei und sachlich richtig sein.** Begriffe sollen möglichst vollständig gemäß der jeweiligen Fachsprache geformt sein und es sollen nur dann neue Begriffe eingeführt, und dann auch normkonform aufgebaut werden, wenn es für ein Phänomen tatsächlich noch keinen, der Fachsprache und ihren Standards entsprechenden, Begriff dafür gibt.

Einen Begriff korrekt einzuführen ist also legitim, muss aber richtig gemacht werden und das ist nicht trivial! Ein Begriff hat einen normkonformen Bezeichner, einen Gültigkeitsrahmen und einen Begriffsumfang, welcher aussagt, was alles an Bedeutung in diesem Begriff steckt. Der Begriff soll sich nahtlos in das bestehende Begriffsgebäude der Fachsprache einfügen und er soll zugleich handlich sein. Bisweilen ist es sinnvoll, eine passende Abkürzung, ein Akronym oder einen Trivialnamen für diesen Begriff einzuführen, um die praktische Verwendbarkeit zu erleichtern. So schreibt man z.B. in der Chemie und Pharmazie für die exakte Bezeichnung „9-amino-1,2,3,4-tetrahydroacridine" einfach „Tacrin" oder ganz kurz „THA".

2.12 Relativität der Wahrheit

Wahrheit ist einer der besonders kniffligen Diskussionsgegenstände in der Wissenschaft. Sei vorsichtig damit! Arg verkürzt: Es gibt keine absolute Wahrheit. Und wenn doch, hat sie niemand. Zumindest ist das derzeit der Stand der Dinge.

Es ist daher besser, über die *Richtigkeit* von Ergebnissen zu sprechen. Die Wahrheit ist als Begriff der Logik unproblematisch, weil er dort genau definiert und zuverlässig benutzbar ist. Das Ganze hat Folgen für die Darstellung von Ergebnissen und die wissenschaftliche Arbeit an sich. **Was immer du herausfindest, ist immer nur ein aktueller Stand der Dinge und keine ewige und absolute Wahrheit.** Der mag gut, richtig und nützlich sein und das reicht dann auch völlig zu für Ruhm und Ehre.

Es muss in jeder wissenschaftlichen Arbeit immer den Zweifel geben, denn jede, wirklich jede Erkenntnis kann möglicherweise doch falsifiziert werden. Man kann das nur dann ausschließen, wenn man z.B. in der Mathematik etwas herleitet und einen Beweis notiert. Das ist aber auch relativ überschaubar, weil es immer im ausschließlich menschlich ersonnenen und damit in sich geschlossenen Rahmen der Mathematik passiert.

Alles was im Labor oder auf dem Feld passiert, geschieht nicht in einem abgeschlossenen Rahmen, sondern kann nur mehr oder weniger gut unter mehr oder weniger kontrollierten Bedingungen ablaufen. Man kann niemals sagen, ob nicht doch die

Mondphase eine Rolle spielt oder der Putz von der Decke mitanalysiert wurde. Man kann nie sagen, was da noch so passiert, ohne dass wir Kenntnis davon haben. In der Mathematik kann man das ausschließen, was die Schönheit mathematischer Konstrukte ohne jeden Makel ermöglicht.

Formuliere und arbeite also stets in dem Bewusstsein, keine absoluten Wahrheiten zu notieren, sondern nur Bausteine, die nach deiner beschränkten Einsicht in die Dinge richtig oder zumindest tendenziell vielversprechend sind.

2.13   Redlichkeit, Ehre, Vertrauenswürdigkeit

Wenn du Erkenntnisse von anderen Menschen verwendest, ist das gut, klug und notwendig. Aber es ist auch wichtig, das zu notieren, wo es explizit erfolgt. **Zitieren ist Pflicht**, wenn es geschieht. Das kann man mehr oder weniger detailliert tun, aber es muss stattfinden. Weiterhin darf man **keine Werte abschreiben, erfinden oder hinschieben, um ein gewünschtes Ergebnis** zu liefern.

Arbeite mit dem, was du wirklich hast und erzeuge stabile, belastbare Ergebnisse. Nur das kann wissenschaftlich sein. Es ist nicht nützlich, ein glamouröses Ergebnis zu erzeugen, was sich dann als Luftnummer erweist. Es ist weitaus besser und im Sinne der Wissenschaft der einzig akzeptable Weg, solide Beiträge zu leisten, auf die sich andere Wissenschaftler ohne aufwändige Kontroll- und Korrekturmessungen verlassen können. Dann wird deine Arbeit auch oft zitiert und du machst dir einen guten Namen in der Wissenschaftsgemeinde.

Wenn eine der genannten Eigenschaften einer wissenschaftlichen Arbeit nicht erfüllt ist, muss das nicht unbedingt heißen, dass die ganze Arbeit unwissenschaftlich oder gar unnütz ist. Es kommt auf das Fachgebiet und die zu bearbeitende Aufgabe an, was genau nötig ist.

3 Strategie

3.1 Zieldefinition

Zuerst brauchst du ein **Big Picture von Deiner Arbeit**! Dieses beschreibt den Kontext der Arbeit nicht nur auf Fachebene, sondern auch drumherum im Rahmen deiner Lebens- und Karriereplanung, was beides spätestens jetzt auf dem Plan stehen sollte.

Benenne zunächst deine **akademischen und beruflichen Perspektiven**! Soll es nach dem Abschluss eine wissenschaftliche Laufbahn sein, dann wähle **Thema und Betreuer sowie Bearbeitungsschwerpunkte** so, dass eine **akademische Reputation** möglich wird und idealerweise am jeweiligen Institut oder Lehrstuhl weitergeführt werden kann.

Soll es ein richtiger Job in der freien Wirtschaft werden, dann bedenke, wo du arbeiten willst und ob deine **Karriere** eher horizontal (Fachkarriere) oder vertikal (Managementkarriere) angelegt sein soll. Wähle Firmengröße, Branche und Topthemen der anvisierten potenziellen Arbeitgeber aus und lege deine Themenwahl so an, dass es eine gute Eintrittskarte auf der Bewerbung ist und im Einstellungsgespräch auch ein dankbares Thema hergibt.

3.2 Planungsphase

Plane deine Arbeit inhaltlich und zeitlich wie jedes andere **Projekt** auch. Das Ende des Projektes „Abschlussarbeit" sollte der Start in die gewünschte Karriereschiene sein. Es gibt drei zentrale Ressourcen: **Team - Finanzen - Technik**. Erst wenn alle drei Ressourcen gesichert sind und den zuvor notierten Perspektiven entsprechen, kannst du starten! Die **Zeit** wird nicht als Ressource gezählt, in Kapitel 5.5.1 wird sie dennoch aufgeführt, weil sie in der Planung wichtig ist. Zum Team als Ressource finden sich Hinweise in Kapitel 5.5.2.

Die Finanzierung betrifft die finanzielle Basis deiner Arbeit selbst, also **Leihgebühren, Druck- und Kopierkosten, Computer, Software, Laborkosten** usw. Aber auch deine **Lebenshaltungskosten**, denn in der Phase der Abschlussarbeit wirst du kaum die Möglichkeit haben, einen Nebenjob zu leisten.

3.3   Themenfindung

Ein gutes Thema muss sorgfältig formuliert werden. Nimm Hilfe von deinen Betreuern und deinem Mentor in Anspruch, um das Thema klug zu formulieren. Die Arbeit wird an der Erfüllung des Themas gemessen! Die Erfolgschancen sind direkt abhängig davon, ob du das Thema in der Zeit schaffen kannst und zugleich davon, ob es in der Zeit eine anspruchsvolle, vorzeigbare Arbeit wird. Das Thema muss wissenschaftlich sauber bearbeitbar, entsprechend abgegrenzt und präzise formuliert sein. Dieser Prozess ist aufwändig, unterschätze den Aufwand und Wert dessen nicht!

3.4   Themenaufriss

Der Themenaufriss soll die Wünsche von Betreuern und Gutachtern erfüllen. Menschen, die deinen Karrierestart beeinflussen könnten, sollen das Thema als aktuell und anspruchsvoll wahrnehmen. Ein potenzieller Arbeitgeber soll deine Arbeit, speziell das Thema und das Ergebnis, so spannend finden, dass er mit dir ins Gespräch kommen will!

Zugleich soll der Themenaufriss zeigen, ob du genug Basis für das Thema hast, der Umfang und das Anspruchsniveau wirklich geleistet werden können, was genau du betrachten und tun wirst und was nicht.

3.5 Thesenformulierung

Formuliere deine Thesen in 3-5 bis maximal 7-10 Punkten auf
etwa einer A4 Seite. Dies sind die Behauptungen, die du in der
Arbeit diskutieren willst. Ob die Thesen bestätigt oder widerlegt
werden, ist hierbei völlig egal, solange man dabei wissenschaftlich sauber bleibt. Manche machen die Thesen zum Schluss, was
unklug ist, weil sie damit nicht als Werkzeug genutzt werden
können. Details zum Thesenpapier finden sich in Kapitel 4.6.5.
Die Thesen sind ebenfalls eine Abgrenzung von zu bearbeitenden Themen gegenüber nicht betrachteten Themen. Schließt du
zu viel aus, ist das, was du tust, unbrauchbar. Nimmst du dir zu
viel vor, scheiterst du an zu großer Komplexität oder einfach zu
wenig Zeit.

3.6 Theoriephase

In der Theoriephase erarbeitest du dir den Status Quo der Welt
zu deinem Thema. Du musst *alles* zum Thema wissen, was irgendwie bekannt ist. Schau dabei über den Tellerrand deiner
Fachthemen hinaus! Bisweilen haben andere Fachrichtungen
schon eine Lösung, die du anpassen und nutzen kannst oder die
zumindest eine Lösungsidee oder eine Lösungskomponente dar-
stellt. Achte auf saubere Literaturarbeit vom ersten Tag an, sonst
musst du hinterher suchen und viele Stellen gehen verloren. Ein
gutes Literaturverwaltungsprogramm wie http://www.citavi.de
ist von unschätzbarem Wert. Lerne, damit wirklich gut und sicher umzugehen, bevor du mit der Arbeit beginnst.

3.7 Praxisphase

Im praktischen Teil ist eine **detaillierte und exakte Dokumentation aller Gedanken und praktischen Handlungen** der Schlüssel zum Erfolg. Arbeite deutlich heraus, worin genau dein

eigener fachlicher Beitrag für eine Fortentwicklung des bearbeiteten Fachgebietes liegt.

Sorge dafür, dass alle Betreuer, Gutachter und zukünftigen Leser sich in der Arbeit wiederfinden. Was wird der Gutachter sagen und fragen? Was wird der Korrekturleser fragen? Für wen machst du die Arbeit eigentlich, also wer ist der wichtigste Fragesteller, dem du eine wissenschaftlich fundierte Antwort geben möchtest? **Reine Literaturarbeiten sind möglichst zu vermeiden**, da sie keinen praktischen Teil haben. Bei einer Promotion oder in bestimmten Fachrichtungen wie Germanistik mag das ausreichend bzw. angemessen sein, **in den konkreten Wissenschaften sollte man praktische wissenschaftliche Leistungen erbringen**.

Literaturarbeiten oder **Übersichtspaper überlässt man besser gestandenen Professoren, die das Fachgebiet wirklich überblicken** und, dank ihres Alters, über viele Jahrzehnte Erfahrung in diesem Gebiet verfügen, sodass sie wissen, was lesenswert ist und was nicht und einen echten Überblick geben können.

3.8   Anhübschen

Formale Anforderungen seitens der Institute sind durch deren **Styleguides** in der Regel gut dokumentiert. Wenn diese Vorgaben vollständig erfüllt sind, beginnen die Potenziale für eine gute Arbeit zu wachsen. Mach was Schönes draus! Lege eine gestalterische Klammer um die Arbeit. Eingangs- und Ausgangszitate sind schön, Illustrationen, ein roter Faden usw. sind wertvoll. Visualisiert wirken die Ergebnisse, Versuchsanordnungen usw. noch besser und manchmal ist ein Bild eindeutiger als eine Seite Text. Man muss nicht für jedes Kapitel ein Haiku dichten lassen. Aber man kann, und wenn man es kann, sollte man es auch tun. Das darf auch gern ein Aphorismus, ein Sinnspruch oder ein Bild sein, setze dich auf verschiedenen Ebenen mit deiner Arbeit auseinander. Das weitet den Blick und variiert den

Blickwinkel. So findest du Aspekte, die zuvor verborgen oder einfach unbekannt waren und nun die Arbeit bereichern und verbessern können.

3.9   Ausblick

Der Ausblick soll ein nahtloses **Weiterarbeiten** von in der Arbeit nicht erschöpfend betrachteten Themen ermöglichen! **Folgeprojekte** sind oftmals der perfekte Berufseinstieg oder zumindest eine Brücke für die Zeit bis zum Job Start.

Der Ausblick zeigt auch, dass du die Inhalte der Arbeit kreativ weiterdenken kannst! Hier finden sich Hinweise darauf, was noch genauer mit Empirie zu unterlegen ist, wo die Herleitung der Theorie vereinfachende Schritte enthält, wo Probleme in der Präzision bestanden oder Methoden noch recht unausgereift waren usw.

3.10   Start

Arbeite diesen mini durch! Notiere in einem **Projekttagebuch** was du für **Handlungen** ableitest und woran du festmachen willst, ob die jeweilige Handlung geschafft wurde. Notiere die **Ergebnisse** deiner Überlegungen, **lies sie immer mal wieder durch und präzisiere oder korrigiere** sie, wo nötig. Je klarer die **Ziele** formuliert sind, umso besser gelingt der Start!

Es ist viel Arbeit zu tun, es ist ein kleines Abenteuer, es warten harte Phasen auf dich. Lass dich voll und ganz drauf ein! Dieser mini hilft dir, durch diese große Aufgabe gut und erfolgreich zum Ziel zu kommen.

4 Ziel und Abgrenzung

Will man Großes erreichen, braucht man ein Ziel, eine Vorstellung von dem, was man erreichen will. Was genau willst du schaffen? **Ein Ziel ist ein geistig vorweg genommenes Ergebnis.** Die Zielerreichung ist demnach wesentlich davon abhängig, wie gut du dir vorstellen kannst, was

1. am Ende deiner Arbeit herausgekommen sein wird, was genau die **Produkte** sein werden, die du jemandem auf den Tisch legen wirst

2. was du oder irgendwer damit anfangen kann. Auch Grundlagenforschung hat stets eine **anwendungsorientierte Rechtfertigung**! Welche Frage wirst du beantworten, welches Problem lösen und welche Thesen belegen oder widerlegen?

Lasse Dich nicht auf ein Thema ein, dessen Sinn und Zweck dir verborgen ist. Neugier ist ein legitimer Grund, wenn du wirklich Interesse und Spaß am Thema hast. Sonst wähle ein anderes Thema. Es gibt sinnlose Themen und es gibt Themen, deren Sinn nur dem Professor erkennbar wird. Dann sollte man ihm das Thema auch respektvoll überlassen.

- Hast du eine klare **Vorstellung** davon, wo du mit deinem Thema inhaltlich hinwillst?

- Welche **Fragen beantwortet** deine Arbeit?

- Welche **neuen Fragen** sollen aufgeworfen werden?

- Welche **Thesen** könnten **bestätigt**, welche **widerlegt** werden?

Eine wissenschaftliche Abschlussarbeit sollte keinesfalls ein "Schauen wir mal, was da so passiert und wo es hin geht" sein. Das mag für erfahrene Grundlagenforscher in völligem Neuland ein gutes und letztlich richtiges, weil einzig mögliches Vorgehen sein, aber es ist ein absolut unverhandelbares Don't für eine Abschlussarbeit, die definitiv keine Korrektur und keinen zweiten Versuch hat. Oder hast du Lust auf eine Wiederholung?

Eine Abschlussarbeit landet oft einfach im **Regal und in Vergessenheit**. Man kann diesen enormen Aufwand und die oftmals bemerkenswerten Leistungen aber auch effektiv nachnutzen und damit noch einigen Gewinn daraus ziehen, wenn man von Anfang an Klarheit darüber hat, was man mit diesem Werk tun will, kann und wird. Dieser Zielsetzung entsprechend muss die Arbeit angelegt werden.

4.1   Strenge Wissenschaft

Mathematik, Informatik, Naturwissenschaft und Technikwissenschaften bilden Themenkreise, deren Arbeitsinhalte und Arbeitsweisen konkret, ergebnisorientiert und wissenschaftlich exakt sind. Hier gibt es klare Aufgaben, Standards und Ergebnisse. Daher sind diese Arbeiten möglichst in einen konkreten praktischen Kontext zu rücken, dessen Fortschritt durch diese Arbeiten befördert wird.

Eine mögliche **betriebliche Verwertung** ist bei praxisnahen Arbeiten generell der **Königsweg** und bringt eventuell die Möglichkeit mit sich, beim **Praxispartner** im Anschluss an das Studium einzusteigen. Absprachen mit dem betrieblichen Partner über diese Möglichkeiten sind selten bindend, aber im Vorfeld wertvolle Zeichensetzungen, um die **Perspektiven zu klären**. Das Unternehmen gewinnt einen Mitarbeiter, den es über die Abschlussarbeit in das zukünftige betriebliche Arbeitsthema einarbeiten und dabei persönlich in einer Belastungsphase kennenlernen kann. Der Student lernt seine künftigen Arbeitsthemen und seinen potenziellen Arbeitgeber kennen. Oft verkürzt oder erübrigt sich dadurch die Probezeit und man hat ein kommunizierbares Thema in der Verhandlung zum Arbeitsvertrag.

Ein Karriereplan beginnt vor der Abschlussarbeit und endet erst mit dem Eintritt in den Ruhestand.

Oft hört man an der Hochschule Ressentiments gegen Wirtschaftsarbeiten seitens der Professoren. Das ist meistens dadurch zu erklären, dass die Angst begründet ist, die wirtschaftlich angelegte Arbeit würde dem **wissenschaftlichen Anspruch** nicht gerecht werden, was durch Thema und engen Kontakt zwischen betrieblichem und akademischem Betreuer gelöst werden könnte. Oft ist es kein wissenschaftliches oder methodisches Problem, sondern eher der Diskrepanz zwischen **akademischem Dünkel** und pragmatischer Praxis geschuldet. **Theoria cum praxi** – Leibnitz war so weise.

Das zweite Hauptargument der Wissenschaft ist der Verlust guter Leute, die man gerne am Lehrstuhl gehalten hätte. Ganz selten nur erzählt der eine oder andere Professor auch einfach Unfug, weil er seinen Elfenbeinturm nie verlassen hat. Deinen Professor betrifft das natürlich nicht! Und wenn doch, trenn dich und wähle einen anderen Gutachter! Der Brain-Drain der Hochschulen ist ein reales Problem. Solange aber die Arbeitsbedingungen für junge Wissenschaftlerinnen und Wissenschaftler so prekär sind wie in den letzten Jahren immer mehr, wird sich das halt auch nicht ändern.

4.2   Nicht naturwissenschaftliche Fächer

Entsteht die Arbeit nicht in MINT Fächern, ist die Verwertung als Buch oder Vortrag, Zeitschriftenartikel(reihe) oder als Kunstwerk per se in Betracht zu ziehen. Da in diesen Studienrichtungen jedoch der Glaube an zweckfreie Bildung noch immer lebendig ist, fällt der Verwertungsgedanke gelegentlich dem Selbstzweck zum Opfer, was außerhalb der MINT Fächer jedoch gemeinhin als legitim angesehen wird. Eine besondere Position haben Studienrichtungen wie Produktdesign, welche einen Standpunkt zwischen den Welten beziehen. Praktisch verwertbar und dennoch künstlerisch anspruchsvoll, ein wenig transzendent in der Weltsicht, aber eigentlich die praktischen Handwerker. Hier liegt es an der Person des einzelnen, den Weg in die Realität und berufliche Laufbahn zu finden, was über kooperative Abschlussarbeiten eine Chance mehr eröffnet.

Besteht Klarheit über die Art des beruflichen Einstiegs, so wird die Arbeit sinnvoll gestaltet werden können. Bedenke, dass zweckfreie Bildung nicht auch sinnfrei sein muss! Die Versuchung ist groß, aber was ist wirklich wichtig in deinem Fach? Auch Mediävistik ist wissenschaftlich korrekt bearbeitbar. Insbesondere die Philosophie, welche die moderne Logik erfunden und maßgeblich mitgestaltet hat, verfügt über große Chancen, die ganz selten in Küchentischthemen oder akademischem Narzissmus verspielt werden sollten. In den Sozial- und Geisteswissenschaften liegt sehr viel Potenzial brach, das viel besser genutzt werden sollte – zum Wohle der Menschheit. Einer Menschheit, die mehr Fragen an die sozialen Strukturen, die Kultur, die Philosophie, die Sprachwissenschaften und viele mehr hat als an die exakten Wissenschaften, die sich auch gut und nützlich selbst beschäftigen können. Wir leben in einer Zeit des Umbruchs, da mutet die eher zurückhaltende und bisweilen verstaubte akademische Funkstille hier und da eher befremdlich an, fast wie eine Flucht vor der Realität. Aber das kann man auch als arrogante Spekulation abtun.

4.3   Folgeprojekte

Wird eine akademische Laufbahn angestrebt, so lässt sich die Arbeit vielleicht eher als Grundlage für ein **Folgeprojekt** am Lehrstuhl verwerten, welches **rechtzeitig beantragt** werden muss. Es ist daher klug, diese Perspektive als festen Schritt zu planen, um im Anschluss an die Arbeit in Absprache mit dem Institutsleiter einen fließenden Übergang in die Arbeitsgruppe des angestrebten Lehrstuhls zu ermöglichen. Die Arbeit sollte dann inhaltlich so angelegt sein, dass man zwar einen Abschluss für die Arbeit setzen kann, dieser aber eher ein **Zwischenstand im Gesamtprojekt** ist. Dieser Fall ist z.B. dann wichtig, wenn man eine **Masterthesis in das Promotionsstudium weiterführen** will oder nach der Bachelorthesis das Masterstudium stehen soll usw.

4.4 Akademische Nachnutzung

Publish or die. Das wissenschaftliche Renommee eines Akademikers hängt sehr wesentlich daran, wie (viel) er oder sie publiziert. Vielschreiber sind aber nicht zwingend die Helden des akademischen Alltags. Es ist wichtig, **Was du Wo und mit Wem publizierst**. Ein Artikel in der Zeitschrift „nature" wiegt deutlich mehr als zehn Artikel im universitätseigenen Forschungsmagazin. Die **Publikation mit einem namhaften Autor** lässt etwas Glanz auf das eigene kleine Lichtlein strahlen.

Eine gute Abschlussarbeit ist so angelegt, dass sie mit überschaubarem Zusatzaufwand vollständig oder in Teilen publiziert werden kann, um das **Präsentieren** zu üben, das **Publikationshandwerk** zu erlernen und um einen vernünftigen Absprung in die reale oder in die akademische Welt zu schaffen. Neben der Publikation in einem **Onlineforum** gibt es aber noch mehr Wege, die man anschauen und diskutieren sollte:

- **Veröffentlichung in einer wissenschaftlichen Zeitschrift**, die im eigenen Fachgebiet möglichst hoch angesehen ist.

- Auf Basis der Arbeit ein **eigenes Buch** zu erarbeiten ist eine komplexe Nachnutzungsform, die natürlich von sehr hohem Wert ist, aber unbedingt eines erfahrenen Partners und enormer zeitlicher Ressourcen bedarf. Ein veröffentlichter Artikel ist besser als ein nie fertig werdendes Buch.

- **Verkauf der Arbeit selbst?** Da gibt es eine Menge Anbieter. Man sollte mit dem Lektor des angepeilten Verlages, den Betreuern sowie dem Mentor darüber sprechen und die Arbeit geeignet anlegen. Man muss in diesem Falle schon beim Schreiben der Arbeit die künftige Zielgruppe neben den Gutachtern im Auge haben. Zudem müssen Text und Grafik geeignet sein für eine Direktpublikation. Das steht und fällt mit dem Thema und den eigenen Möglichkeiten.

- **Vortragsreihen** sind selten möglich, aber wenn, dann hat man damit einen ausgezeichneten Einstieg in die Arbeitswelt, weil die erreichbaren Zuhörer meistens aus dem Themengebiet sind und man daher direkt **im eigenen Fachgebiet bekannt** wird. Vielleicht sitzt auch ein **Headhunter oder ein Projektleiter** drin, der hinterher mal eine Visitenkarte übergibt, was ein sehr direkter Bewerbungsbefehl ist.

- **Onlineveröffentlichungen** erfreuen sich einiger Beliebtheit, weil sie unkonventionell, einfach, fix und oft günstig oder gar gratis sind. Aber: Ein Blog ist keine zitierbare Publikation und die Rechtslage ist so eine Sache. Sprich mit deinem Mentor über solche Dinge und die Möglichkeiten! Eine klug gewählte Plattform kann durchaus eine wertvolle Publikation sein. Es gibt auch von allen großen Verlagen mittlerweile online publication services. Prüfe die Möglichkeiten!

- **Weiterführung der Arbeit** - der akademische Weg, aber manchmal auch betrieblich oder freischaffend möglich. Letzteres gilt eher für Künstler, aber manchmal auch für Wissenschaftler und Ingenieure. In der Technik wird so manche Dissertation zum Kern eines Startup Unternehmens. Google ist ein bekanntes Beispiel dafür!

4.5   Karriereplanung

Die Abschlussarbeit ist eigentlich der einzige Teil des Studiums, der zumindest eine Weile **nach Abschluss noch eine Rolle** spielt. Es ist oft das einzige Thema, in welchem man sich halbwegs auskennt und wirklich auf dem aktuellen Stand ist.

Es passiert selten, dass man im **Bewerbungsgespräch** gefragt wird, was man für Vorlesungen gehört hat. Worüber man seine Abschlussarbeit geschrieben hat, ist aber durchaus von Interesse, weil es einen direkten Einsatz beim Arbeitgeber ermöglichen und die Traineezeit verkürzen kann. Von daher sind Themenwahl und Qualität der Arbeit durchaus karriererelevant!

Ein karriereorientiertes Studium sollte seinen Höhepunkt in einem angemessenen Thema für die Abschlussarbeit haben.

Hier setzt man sich die Krone auf oder halt den Strohhut. Es sollte zu Beginn der Abschlussarbeit eine strategische Überlegung zu der Zeit *nach* Abgabe der Arbeit geben. Die nachfolgenden Fragen sollen helfen, ein wenig Klarheit darüber zu finden, wie man die Arbeit so anlegt, dass sie auch wirklich einen Gewinn bringt und nicht nur eine wochenlange Qual zum "Fertigwerden" ist.

4.6   Checkliste Strategie

- Welche **Interessen**, **Leidenschaften**, persönlichen **Herausforderungen** möchte ich in dieser Arbeit bedienen?

- Welchen Üblichkeiten, Traditionen, Standards, Vorschriften meiner Fachrichtung muss und will ich gerecht werden?

- **Wann, wo und wie bewerbe ich mich** nach erfolgreichem Abschluss der Arbeit?

- Welche Rolle spielt das Thema der Arbeit eventuell im **Bewerbungsprozess**, bzw. wie will ich es da positionieren?

- Was ist inhaltlich ein guter **Köder für künftige Arbeitgeber**?

- Was sollen **Arbeitsinhalte in den ersten 3 Jahren nach dem Studium** sowie zentrale und vielleicht moderne Themen der Zielbranche sein?

- Strebst du eine fachinhaltliche **Karriere** oder eher eine hierarchische/organisatorische Managementkarriere an?

- Soll es eher eine akademische Karriere im **Hochschulumfeld** werden oder eine Karriere in der **Wirtschaft**?

- Bist du selbst eher ein **theoretisch oder eher ein praktisch orientierter Mensch**?

- Was ist dein **persönliches Spezialgebiet**, wo du dich auskennst und wirklich eine gute Arbeit schreiben kannst?

- Welche **Ressourcen** stehen dir privat, an der Hochschule oder in einem Partnerunternehmen zur Verfügung, sprich: **Ist deine Vorstellung realisierbar?**

5 Themenwahl

Ein fachlich spannendes Thema kann mehr oder weniger gut für dich und deine konkreten Ziele geeignet sein. Das ist individuell sehr verschieden. **Die Wahl des Themas entscheidet sehr wesentlich über den Erfolg oder Misserfolg der Arbeit.**

Du solltest nicht über etwas schreiben, was du inhaltlich und methodisch nicht gut kann. Es muss dir liegen, nicht nur gut klingen. Du solltest auch kein allzu langweiliges Thema nehmen, denn dann wird die Arbeit tröge und in der Nachfolge nicht nutzbar. Ein sicheres Brett mit einem aktuellen und spannenden Thema, guten Betreuern und eigener Passion für die Inhalte sind ein guter Mix.

5.1 Themenfindung

Ein Thema kann man finden, indem man es beim betreuenden Professor einfach aus einer Liste wählt oder ein eigenes Thema einbringt. Letzteres ist stets der Königsweg, aber auch anspruchsvoller. Generell sollte man jedes Thema sorgfältig analysieren, prüfen und in einem iterativen Prozess präzise formulieren, bevor man es annimmt und einreicht! Kläre in diesem Prozess die folgenden Fragen zu deinem Thema:

- Entspricht das Thema **meinen Stärken**?

- **Interessiere ich mich** für das Thema so sehr, dass ich es einige Monate lang mit **Begeisterung** und **weit überdurchschnittlichem Engagement** bearbeiten kann?

- Ist das Thema in der gegebenen **Normzeit** und den äußeren Bedingungen tatsächlich **realisierbar**?

- Gibt es genug **Interesse seitens des betreuenden Lehrstuhls** an diesem Thema?

- Wofür ist das erwartbare **Ergebnis nützlich**?

- Finde ich ein **Team**, das mit mir diese schwere Zeit gemeinsam läuft und mich nicht nur unterstützen will, sondern dies auch kann?

- Sind Betreuer, Gutachter, Team und Ressourcen im definierten **Zeitfenster** durchweg verfügbar (Urlaubszeit, Auslandsaufenthalte…)?

- Sind alle nötigen technischen, personellen, persönlichen, finanziellen, zeitlichen und sonstigen **Ressourcen** verfügbar, die zur Umsetzung erwartbar benötigt werden?

- Ist das Thema **perspektivisch brauchbar** für meine Ziele nach dem Studium?

Details in der Themenformulierung entscheiden oft über die Bewertung der Arbeit und provozieren bisweilen erheblichen Mehraufwand. Es ist ein Unterschied, ob formuliert wurde: "...es soll gezeigt werden..." oder "...es soll bewiesen werden...", ebenso wie "Herleiten einer Lösung für…" einen völlig anderen Aufwand bedeutet als "Vorschlagen einer Lösung für…". Verdeutliche dir diese Unterschiede und versuche eine erste Idee davon zu bekommen, was das in Arbeitsaufwand ausgedrückt bedeutet!

Um nun ein Gefühl für das Thema zu bekommen, sollen die nachfolgenden Hinweise eine erste Orientierung liefern. Nimm die **Zielsetzung der Arbeit als Ausgangspunkt**. Die **Ergebnissicherheit** ist hiervon wesentlich abhängig und damit auch der Rahmen, in welchem die Arbeit geschrieben werden soll.

Wenn „Fertigwerden" das Ziel ist, dann wähle ein **sicheres Thema ohne Risiken und kreativen Anteil**, mit möglichst wenigen Einflussfaktoren wie andere Mitarbeiter, Verfügbarkeit von Technik usw. Brauchbar in diesem Falle sind z.B. reine **Literaturarbeiten** (Darstellung des aktuellen Literaturstandes), weil diese gut planbar sind und eher eine **Sache von Fleiß**, Sorgfalt und Organisation als von Intellekt, Geschick im Labor oder Kreativität in der Lösungsfindung darstellen. Wie oben angemerkt, sind diese Arbeiten selten nützlich, aber dennoch beliebt, weil ohne Begabung und übermäßig viel inhaltlichen Studienerfolg machbar. Hast du ein **gutes wissenschaftlich methodisches Handwerk,** dann sind die Erstellung von Entscheidungsvorlagen, Verifikation oder Falsifikation bereits bekannter Erkenntnisse (z.B. Versuchswiederholungen, Nachberechnung, Programmkritik, Synthesebestätigung etc.) Kategorien der anspruchsvolleren Aufgaben mit bisweilen größerem Denkanteil, aber noch überschaubar und in jedem Falle eine anständige Sache mit nützlichem Ergebnis.

RENOMMIERARBEIT

Hier geht man **in der Themenwahl ein größeres Risiko** ein, indem man ein **deutlich höheres Anspruchsniveau** angeht. Der hohe **wissenschaftliche Eigenanteil** und entsprechend große Anteil **schwer planbarer** Arbeit mit **ungewissem Ausgang** müssen bewusst einkalkuliert werden. Es sind Probleme zu erwarten, die nicht vorhersehbar sind, weshalb solche Arbeiten als **wissenschaftlich und intellektuell anspruchsvoll** gelten, was ja die Voraussetzung für Renommierfähigkeit ist. Das Thema muss diesem Anspruch gerecht werden können, aber es muss auch immer noch sicher genug für eine Abschlussarbeit sein. Man kann auch zu viel Ehrgeiz haben! Diese Kategorie ist **für die Bachelor Thesis nicht zu empfehlen**, für den Master je nach Fachrichtung und erst im PhD wirklich relevant. Bleib realistisch!

WIRTSCHAFTSARBEIT

Wissenschaftlich manchmal **nicht so sehr anspruchsvoll, dafür aber sehr konkret mit sehr wenig Spielraum für die Interpretation** möglicher Ergebnisse. Damit ist **unverhandelbare Klarheit nötig**. Das kann nicht jeder Student schon im Bachelorstudium! Die Ressourcen des Partnerbetriebes sind nutzbar, aber es ist leider auch oft so, dass die Praxisbetreuer den Zwängen ihres Wirtschaftsalltags unterliegen und der betreute Student in der Priorität nach den ökonomischen Zwängen im Unternehmen steht. Das macht die **Industriearbeiten organisatorisch anspruchsvoll**. Diese Arbeiten haben den **Vorteil, den Kontakt zur Firma herzustellen**, was ein besserer **Karrierestart** ist als eine rein akademische Arbeit.

Hier ist es nur wichtig, einen Professor zu finden, der sich auf das Thema einlässt und eine gewisse Offenheit dafür hat. Das Hauptrisiko bei diesen Arbeiten ist jedoch, dass man sich verzettelt oder die Objektivität verliert, weil man den Misserfolg beispielsweise nicht akzeptieren kann oder will. Problematisch ist in diesem Falle auch, dass das Ego eine enorme Rolle spielt, was die Arbeitsweise u.U. unprofessionell werden lässt. Das Ego des Professors spielt auch eine Rolle. Solche Arbeiten kann nur jemand betreuen, der sein eigenes Ego bereits im Griff hat, was in der Professorenschaft so wenig zwangsläufig ist wie unter Studenten.

5.2 Betreuerwahl

Wenn du dein Ziel definiert hast und der angestrebte Rahmen der Arbeit klar ist, suche dir einen Lehrstuhl, der thematisch und ausstattungsmäßig geeignet scheint. Der Inhaber des Lehrstuhls, also der Professor, sollte ebenfalls für das Thema geeignet und an dem Thema interessiert sein. Lehnt der Professor etwa wirtschaftsnahe Arbeiten aus Überzeugung oder Verblendung ab, sollte man sich einen anderen Betreuer suchen, wenn man selbst eher praktisch veranlagt ist und eine Arbeit in einem Unternehmen der freien Wirtschaft schreiben will. Es gibt viele Gründe, warum ein Professor die Betreuung ablehnen könnte. Akzeptiere das respektvoll und ohne den Mut zu verlieren. Es findet sich definitiv ein Betreuer, ggf. muss man im Thema ein wenig flexibel sein, ohne die zuvor angestellten Überlegungen zu vernachlässigen. Eine **gut begründete Themenanfrage** ist weitaus wertvoller als ein anonymes Einschreiben in eine Liste im Sekretariat oder im Hochschulcomputer.

Ein gutes Betreuerteam ermöglicht dir nahezu alles. **Es steht hinter deinen Zielen, sofern du sie selber kennst und klar kommunizierst.** Es unterstützt dich beim Erreichen deiner Ziele, sofern du selbst etwas mehr als maximale Leistung zeigst. Es hat Zeit für Konsultationen und ist kompetent im Thema, wenn du dafür sorgst, dass dein Team immer über alle aktuellen Arbeitsstände deiner Arbeit rechtzeitig informiert ist. Jede Woche Freitagnachmittag einen aktuellen Stand als PDF-Datei an alle Beteiligten zu schicken ist nützlich. Dann noch in der E-Mail dazu ein paar Notizen, was in der zu Ende gehenden Woche erreicht wurde und schon ist jeder im Bilde. Gute Betreuer fordern dich Tag und Nacht und holen das Maximum aus dir raus. **Dein Leistungsmaximum kennst du selbst nie.** Das kann immer nur ein erfahrener Mensch erkennen, der schon deutlich mehr geleistet hat, wovon er selbst als Student meist auch keine Vorstellung hatte, dass er das mal leisten könnte und leisten würde.

Wasser fließt immer nur den Berg hinunter, niemals hinauf! Lerne, zuzuhören, mitzudenken, auf Augenhöhe zu diskutieren. Aber kenne immer die Fließrichtung von Wasser.

Gibt es alternative Lehrstühle und Betreuer? Nimm nur das Beste was Du bekommen kannst, denn nur das ermöglicht die bestmögliche Arbeit. Das Zweitbeste ist der Weg zur zweitbesten Arbeit.

Gibt es potenzielle externe Zweit- oder Drittbetreuer? Leute aus der Wirtschaft, Organisationen, andere Hochschulen, ausländische Partner etc. So prüfe, ob Dich deren Engagement vielleicht weiterbringen kann. Bedenke auch, dass die Prüfungsordnung entsprechende Betreuer zulassen muss und dass es dafür ggf.

Formalismen gibt. Deine Arbeit kann dadurch dramatisch an Wert, Gehalt und Nutzbarkeit gewinnen, sie kann dir aber auch um die Ohren fliegen, weil sie so anspruchsvoll und komplex wird, dass du die vielen Mitarbeiter nicht mehr koordinieren kannst. Das für dich richtige Maß ist wesentlich, anstatt neue Rekorde aufzustellen.

5.3   Checkliste Themenfindung

- Welche **Themenkreise** werden durch die gewählten Betreuer und den gewählten Lehrstuhl nahegelegt? Erstelle eine **Mind-Map und bewerte jedes Thema mit Risiko und Ertrag!**

- Welche **Themen** innerhalb der interessantesten Themenkreise werden angeboten? Gibt es bei den angebotenen Themen vielleicht schon eins, das mit den eigenen Themenvorstellungen übereinstimmt oder in Übereinstimmung zu bringen ist?

- Was ist **State of the Art im angestrebten Themen- und Fachbereich**? Welche Innovationspotenziale sind erkennbar?

- Was sind **aktuelle Probleme**, die zurzeit im Themenbereich bearbeitet werden und welche Fragen resultieren daraus? Du kannst eine Liste von Themen, Fragen, Aufgaben daraus entwickeln und diese als **Menge möglicher Themen** zur Diskussion stellen.

- **Was ist machbar** in der gegebenen Zeit, mit den gegebenen Ressourcen und mit deinem aktuellen Skill set?

- Nimm die eigenen Top 3, maximal Top 5 der Themen her, die du gerne bearbeiten würdest und lege sie den Betreuern vor. Es wird meistens nur ein oder zwei Themen geben, zu denen **mit den Betreuern Konsens** gefunden wird.

- Konsensthemen eignen sich dazu, als **Thema ausformuliert** zu werden. Hast du für die ein oder zwei Konsensthemen eine gute Formulierung gefunden, solltest du sie challengen und nach erfolgreicher Challenge und entsprechender Überarbeitung wie nachfolgend beschrieben und nach Absprache mit dem gesamten Team (s. Kap. 5.5.2) einreichen.

5.4 Themenformulierung

Ein Thema besteht aus den folgenden Teilen:

- **Titel**, welcher in ein bis maximal zwei Zeilen einen fachlichen und methodischen **Rahmen** formuliert

- **Untertitel**, welcher in zwei bis drei Zeilen den **Titel präzisiert**

- **Kurzbeschreibung** mit Stichworten, Wortgruppen, maximal einem verständlichen Satz, welche in etwa fünf Zeilen dem Thema eine **relativ genaue Abgrenzung** gibt

- **Abstract** mit komprimierten Informationen und der ersten wissenschaftlich **exakten Formulierung des Arbeitsinhalts**

- **Aufgabenstellung**, welche auf max. 10 Zeilen sagt, was genau die **Arbeitsgegenstände** sein sollen, welches **Hauptergebnis** (es soll möglichst genau eins sein) angestrebt wird

Notiere zuerst diese fünf Abstraktionsstufen in eben dieser Reihenfolge. Dadurch, dass die Formulierung immer konkreter wird und der vorgegebene Umfang einen klaren Rahmen absteckt, hast du eine gute Form, an der entlang dir Einstieg ins Thema gelingt.

5.4.1 Titel

Der Titel soll **flexibel** genug sein, um **Raum für fachliche Entwicklungen** während der Arbeit zu haben, aber auch **konkret genug**, um nicht am Thema vorbei zu schreiben.

Der Titel ist kurz, daher kann er nur ein begrenztes Maß Informationen enthalten. Der fachliche Teil des Titels ist ein Schlagwort zum **fachthematischen Gegenstand** der Arbeit, der **methodische Teil** ist ein Stichwort, welches sagt, welchen methodischen Rahmen man vorgibt.

„Vergleichende Betrachtung…" wäre ein methodischer Teil, welcher aussagt, dass man verschiedene Dinge gegenüberstellen, bewerten und eben vergleichen will. Dies läuft darauf hinaus, eine Handlungsempfehlung, eine Bewertungsmatrix, eine Kaufentscheidung, eine Entscheidungsvorlage o.ä. zu entwickeln. „…verschiedener photometrischer Prolinbestimmungsverfahren" ist ein exemplarischer Fachanteil, welcher sagt, dass verschiedene Methoden zur Bestimmung der Aminosäure Prolin mit Hilfe der Photometrie, einem Messverfahren, miteinander verglichen werden. Das definiert schon recht gut, worum es geht, lässt aber z.B. offen, welche Methoden für welche Art zu untersuchender Proben verglichen werden sollen. So wäre die Untersuchung von Prolin in Fleisch etwas anderes als in Pflanzen. Begleitmethoden werden nicht erwähnt, können also noch diskutiert werden und welche Methoden genau verglichen werden, ist ebenfalls offen. Ein guter, orientierender Titel hat Raum für Entwicklungen und definiert zugleich eine präzise Abgrenzung dessen, was geschehen soll und was nicht!

5.4.2 Untertitel

Der Untertitel soll in maximal drei Zeilen den einzeiligen Titel konkretisieren und auf das Ziel der Arbeit fokussieren. Der **Untertitel benennt das Hauptziel der Arbeit ohne nähere Erklärung**.

Er trifft die methodische und formbestimmende Aussage, ob es sich etwa um eine Herleitung, einen Beweis, einen Literaturüberblick, eine experimentelle Arbeit usw. handelt. Damit wird der methodische Rahmen durch konkrete Benennung eingegrenzt und es wird rein fachinhaltlich der Gegenstand des Themas genauer benannt. Aber auch hier bleibt genug Spielraum für nicht vorhersehbare Entwicklungen. Dieser ist wichtig, weil eine solche Arbeit einen gewissen Innovationswert haben oder zumindest eine ergebnisoffene Auseinandersetzung mit einer bereits bekannten Erkenntnis beinhalten sollte. In beiden Fällen können Änderungen des eingeschlagenen Weges notwendig sein, also etwa weitere Untersuchungen, Berechnungen, Messungen usw.

Es ist trotz klarer Thesen immer möglich, dass etwas nicht planmäßig funktioniert oder dass man Dinge erkennt, die man weder erwartet hat, noch sofort versteht. Dies und viele andere Probleme machen wissenschaftliches Arbeiten komplex und kreativ. Die Themenformulierung muss diesen unerwarteten Entwicklungen genügend Raum geben und mithin ausreichende Betrachtung erfahren.

Es soll aber auch stets ein fester Rahmen gegeben sein, damit du dich nicht verzettelst. Diese Abgrenzung sagt ganz klar, an welcher Stelle ein Thema nicht weiterverfolgt werden soll, weil es sonst den Rahmen der Arbeit sprengt. Es können auch ethische, finanzielle oder ökologische usw. Abgrenzungen gesetzt werden – je nach Thema.

5.4.3 Keywords

Die Kurzbeschreibung ist eine **zusammenfassende Formulierung dessen, was man tun wird.** Sozusagen verständlich ausformuliert, was in Titel und Untertitel steht. Diese Kurzbeschreibung ist nur ein Hilfsmittel für dich, um die Keywords zu identifizieren. Die, welche in deutscher und oft zusätzlich auch in englischer Sprache notiert, dazu dienen, die Suche nach der Arbeit in Dokumentenmanagementsystemen, Bibliothekssystemen und natürlich im Internet zu unterstützen. Zehn bis zwanzig Schlüsselworte sind ein gutes Maß. Sie werden einfach als

Liste aufgezählt. Die Schlüsselwörter sind in der Regel **Substantive, die inhaltlich zentrale Bedeutung in der Arbeit haben**.

5.4.4 Abstract

Das Abstract liefert in **ca. fünf bis zehn Zeilen eine Beschreibung des Inhaltes der Arbeit**. Es beginnt üblicherweise mit einer Formulierung der Art "Vorliegende Arbeit zeigt Möglichkeiten und Grenzen der Raumfahrt unter Nutzung des Warpantriebes auf und fokussiert hierbei auf physikalisch - technische Grundlagen ..." Das Abstract soll vor allem Schlagworte enthalten, nach denen man automatisiert suchen kann. Die **Aufgabe des Abstracts ist es, dem Leser in wenigen Sekunden zu sagen, ob er die vorliegende Arbeit für sein aktuelles Problem gebrauchen kann** oder nicht. Daher ist dies das erste wissenschaftlich exakt formulierte und enorm komprimierte Stück Arbeit.

Das Abstract kann am Anfang notiert und jede Woche aktualisiert werden, um neue Erkenntnisse einzuarbeiten und für die eigene Klarheit die Dinge immer mal wieder auf den Punkt zu bringen. Du kannst auf diese Weise eine Wochenreflektion durchführen und jeden Freitag ein überarbeitetes Abstract an die Betreuer schicken, um den aktuellen Gedankenstand abzubilden. Diese Aufgabe können jedoch auch Themenaufriss, Thema, Aufgabenstellung und Thesen leisten, wenn man sie über die gesamte Bearbeitungszeit hinweg immer wieder aktualisiert. Das Abstract kann auch gegen Ende der Arbeit formuliert werden. In manchen Prüfungsordnungen wird es als separates Blatt am Anfang der Arbeit gefordert. Man benötigt das Abstract spätestens zur Verteidigung der Arbeit, es ist aber auch ein gutes Intro zum Kolloquium zur Rechtfertigung des Themas.

5.4.5 Aufgabenstellung

Die **Aufgabenstellung grenzt Handlungsrahmen und gewünschten Ergebnisraum ab**. Die gewünschten Tätigkeiten werden benannt und **Termine sowie erwarteter Leistungsumfang** werden festgeschrieben und als vorzulegende Ergebnisse formuliert. Wichtig ist es, dass die Aufgabenstellung zwar ein konkretes **Ergebnis fordert, aber dessen Falsifikation ebenso zulässt.** Es sollte möglichst eine Aufgabe gewählt werden, deren positive Erfüllung realistisch erscheint. Die Erkenntnis des Irrtums ist dann immer noch möglich, kostet aber Zeit, Kraft und man muss nachdenken.

5.5   Checkliste Startformulierungen

Für die fünf Schritte

- Titel,

- Untertitel,

- Schlagworte (Keywords),

- Abstract,

- Aufgabenstellung

gibt es ein paar Überlegungen, die man unbedingt vor Themeneinreichung anstellen sollte, um späteren Ärger zu vermeiden:

- Sind alle Formulierungen sprachlich und inhaltlich eindeutig auch für andere Leser verständlich?

- Sind die Formulierungen in sich und untereinander widerspruchsfrei in Sprachlogik und Inhalt?

- Sind die gesetzten Ziele und geplanten Aufgaben bei gegebenen Ressourcen realistisch machbar in Inhalt, Umfang, Qualität und Zeit, ohne vermeidbare Risiken einzugehen?

- Sind die Formulierungen rechtssicher für den Fall späterer Streitigkeiten über Inhalte, Erwartungen und Bewertungen?

- Sind die aus Voraussetzungen, Messungen, Berechnungen, Argumentationen usw. ableitbaren Ergebnisse bewertbar in der Erfüllung hinsichtlich Qualität und Quantität im Sinne der jeweils gültigen Prüfungsordnung sowie der Kriterien für gute Wissenschaft?

- Wurden in allen fünf der oben genannten Teilen der Arbeit fachwissenschaftlich korrekte Begriffe konsistent verwendet?

- Sind für spätere Recherchen anderer Autoren relevante Schlüsselwörter recherchefreundlich vertreten?

- Sind die fünf Teile notfalls änderbar und welche formellen Grenzen gibt es für die Änderbarkeit vor allem des Themas? Dies ist vor allem dann notwendig, wenn Ressourcen unerwartet wegbrechen oder sich gänzlich neue Erkenntnisse über Inhalt und Relevanz der Arbeit ergeben.

- Sind die Formulierungen flexibel genug, bei ausreichend stabilem Rahmen genug Raum auch für überraschende Ergebnisse und neue Wege zu eröffnen, ohne Thema, Aufgabe usw. offiziell ändern zu müssen (Prüfungsordnung)?

5.6 Checkliste Themenrechtfertigung

- Worin genau besteht die **angestrebte wissenschaftliche Eigenleistung** und **wieso rechtfertigt sie, dass man dir diesen akademischen Grad verleiht**?

- Ist das **Thema in Umfang und Anspruchsniveau tauglich** für den jeweils angestrebten akademischen Grad?

  o Der Bachelor muss wissenschaftliche Arbeitsweisen beherrschen und eine wissenschaftliche Eigenleistung nur aus der Anwendung einer solchen wissenschaftlichen Methode unter Anleitung erbringen. 180-210 credit points sind die formale Ausbeute.

o   Der Bachelor Honoured muss wissenschaftliche Arbeitsweisen beherrschen und eine wissenschaftliche Eigenleistung mit Innovationswert unter Anleitung erbringen. In der Regel sind 270 credit points Ausbeute.

o   Der Master muss eine wissenschaftliche Eigenleistung selbständig unter beratender Begleitung erbringen. Masterstudium samt Thesis liefert 90-120 credit points, was mit dem Bachelor zusammen die 300 credit points liefern soll, die in aller Regel eine Voraussetzung für den Start eines Promotionsstudiums sind.

o   Der Doktor muss eine wissenschaftliche Forschungsleistung selbständig im wissenschaftlichen Diskurs mit einem oder mehreren Betreuern erbringen und im akademischen Kontext verankern können. Meistens sind das um die 200 credit points, realistischer ist das Doppelte.

- Worin genau besteht die **fachliche Relevanz des Themas** und **wie leitet sich daraus die Aufgabenstellung ab**?

- **Welche Arbeiten werden bewusst ausgeschlossen**, obwohl sie inhaltlich eigentlich gerechtfertigt wären?

- Ist das **Thema fachinhaltlich geeignet** für den angestrebten Grad und die gewünschten berufliche Ziele?

  o   Ist das Thema inhaltlich ausreichend ergiebig, aber nicht erschlagend riesig? Ein gutes Pferd springt nicht höher als es muss, die Aufgabe sollte dennoch hinreichend sein, ohne thematisch goldene Klingelknöpfe schnitzen zu müssen.

  o   Ist das **Thema für dich inhaltlich erfassbar** oder eher "magisch"? Im Falle von Magie hefte es einer Eule an den Fuß und schick es nach Hogwarts. Das Thema muss **für dich intellektuell und inhaltlich durchdringbar** sein.

- o Ist das Thema in der **Literatur** hinreichend gut bearbeitet, um **effektiv arbeiten** zu können, aber lässt trotzdem die Chance auf einen **erkennbaren wissenschaftlichen Eigenbeitrag** offen?

- o Wer oder was ist die absolute **Top Referenz oder Autorität zu diesem Thema**? Man sollte den heiligen Gral nicht zerstören, solange man noch keinen Abschluss hat.

- o Hast du Zugang zu einer **ausreichenden Wissensbasis** und verfügst du über genug **Handwerk und Wissen**, um das Thema geeignet anzugehen?

- o Hat das Thema **am angestrebten Lehrstuhl Tradition?** Green Field Projects sind was für Profis!

- o Ist das **Thema geeignet als Karrierestarter** im oben betrachteten Sinne?

- Persönliche Rechtfertigung

- o Werden die geplanten **Karriereziele vom Thema bestmöglich gestützt?** Der geplante Karriereeinstieg ist hier ausschlaggebend!

- o Ist der persönliche **Lerneffekt dem erwartbaren Lernaufwand angemessen?**

- o Werden persönliche **Vorlieben bedient?**

- erste Abschätzung der Machbarkeit

- o Was ist der favorisierte **Lösungsansatz?**

- o Was könnte alternativ oder ergänzend möglich sein?

- o Was sind die Risiken? Sprich: **Was kann schief gehen?**

- o **Reichen Zeit und Geld**?

- o Sind **genügend Unterstützer im Team**?

- o Steht die **Technik**, also Computer, Internet, Software, Bibliothekszugang, Mails, Backuplösung…?

- Was ist der **Nutzen der Arbeit für die Wissenschaft**?

  - o Was fehlt der Wissenschaft, wenn diese Arbeit *nicht* geschrieben wird?

  - o Kannst du den Nutzen auch gegenüber Kommilitonen und Betreuern sowie in der öffentlichen Diskussion stringent verteidigen?

  - o Ist es ein **akademisches Blasenthema, das man weglassen kann und vielleicht weglassen sollte**?

- Akademische SWOT Analyse

  - o Welche Stärken hat das Thema aus wissenschaftlicher, wirtschaftlicher, persönlicher Sicht? Sprich: **Was bringt das Thema der Welt?**

  - o Welche Schwächen hat das Thema? Sprich: Was ist nicht oder nur unsicher vorhersagbar, welche Fragen werden nicht geklärt, was sind **vorhersehbare und bewusst akzeptierte Schwachstellen der Arbeit**?

  - o Welche Chancen sehe ich für meine wissenschaftliche Erkenntnis im Rahmen dieser Arbeit? Sprich: **Was kann ich alles aus dem Thema machen**?

  - o Welche **Risiken** sind für den Erfolg der Arbeit zu befürchten oder bereits absehbar und welchen Einfluss haben die auf diese Arbeit? Was passiert, **wenn eines der erwartbaren Risiken eintritt und wie gehst du damit um**?

5.7 Exposé

Dieser Schritt dient zuerst dazu sicher zu stellen, dass es keine überraschenden Richtungsänderungen in der Art "Das wollte ich aber ganz anders machen" geben wird. Man soll das Thema selbst tiefer durchsteigen, die Möglichkeiten und Fragestellungen genauer erforschen und **Chancen wie auch Risiken abschätzen**, um nicht im Fortgang der Arbeit von Überraschungen heimgesucht zu werden, die wie **feindliche U-Boote** aus dem endlosen Meer der Ahnungslosigkeit auftauchen. **Der Themenaufriss soll das gesamte Themenfeld aufzeigen, was in praktisch allen Fällen viel größer ist, als es auf den ersten Blick scheint.**

Man stößt bei der Erarbeitung des Themenaufrisses in aller Regel auf Literatur und sonstige Quellen, die man noch nicht kannte oder einfach unterschätzt, weil man sie nicht verstanden hat, die das Thema aber oft schon in der angestrebten Weise und dem Umfang abarbeiten. Dadurch wird manche Arbeit schon vor Beginn überflüssig, weil sie bereits an anderer Stelle geleistet wurde. Es ist klug, das im Vorfeld zu prüfen! Trick: Man kann unter Umständen auch ein Detail umformulieren. Aus „Verbesserung einer Methode zur Bestimmung …“ wird im Falle, dass sie von jemand anderem bereits an die theoretischen Grenzen heran optimiert wurde, etwa „Betrachtung der Wirtschaftlichkeit einer hoch optimierten Variante der Methode zur Bestimmung…“ oder „Verifikation der als optimiert angegebenen Methode zur Bestimmung…“ Das geht immer. **Jede wissenschaftliche Erkenntnis profitiert davon, wenn sie durch weitere Untersuchungen empirisch wie theoretisch gestützt, ergänzt oder präzisiert wird.** Das liefert dir auch immer eine Rechtfertigung deiner Arbeit, es muss nur entsprechend in **Thema, Aufgabe usw. eingearbeitet** und die **Arbeit entsprechend angelegt und durchgeführt** werden.

Die Arbeitsweise für die Erarbeitung des Themenaufrisses ergibt sich aus Aufgaben des Themenaufrisses. **Notiere zuerst alle Begriffe in Thema, Titel, Untertitel, Aufgabe, Kurzfassung und Abstract als Liste.** Prüfe, welche **Synonyme** es in der Fachwelt hierfür gibt und notiere diese ebenfalls. Übersetze alle diese Fachbegriffe in die englische Sprache und, wenn eine andere Sprache wie Griechisch oder Latein in deinem Fachgebiet üblich ist, dann auch in diese. Recherchiere alle so gefundenen Begriffe, um zu sichern, dass das Thema nicht unter anderem Namen abgearbeitet wurde und zugleich, um das Einzugsgebiet zu vergrößern, in dessen Rahmen du arbeitest. Die **Methoden sind oft entscheidend**. Man kann denselben Untersuchungsgegenstand mit einer bisher nicht angewendeten Methode erneut untersuchen und damit herausfinden, ob diese Methode das bisherige Wissen zum Untersuchungsgegenstand unterstützt oder vielleicht sogar neue Erkenntnisse bringt. Auch Fragen der Genauigkeit, statistische Kennwerte oder deren Fehlen sollten in dieser Liste auftauchen, weil diese immer wieder bestätigt oder präzisiert werden können.

Stelle sicher, dass die **Begriffe** alle durch klare **Definitionen** und/oder Begriffserklärungen festgelegt und beschrieben sind. Notiere diese am besten gleich, denn das werden später dein Glossar und deine Begriffswelt sein. Kannst du zu jedem dieser Begriffe etwas sagen? Sind Unklarheiten zu beseitigen? Funktionieren die Begriffe widerspruchsfrei, logisch miteinander und sind sie scharf genug abgegrenzt, um sich möglichst nicht (zu sehr) zu überdecken?

Welche Themen im erkennbaren Themengebiet **lassen sich gut vertiefen,** von welchen sollte man die Finger lassen? Was ist von Interesse im Sinne der Aufgabenstellung, was könnte man weglassen? Manchmal muss man den bisherigen Stand von Thema und Aufgabe auch überarbeiten, weil durch die Arbeit am Themenaufriss die Dinge doch noch einmal anders aussehen. Jetzt geht das noch. Je später eine solche Richtungskorrektur notwendig wird, desto vernichtender ist ihre Wirkung auf den Abgabetermin und die Qualität der Arbeit.

Welche Theorien konkurrieren, welche Irrtümer sind zu erkennen oder zu vermuten? Ja, auch Lehrbuchautoren können irren und Professoren den falschen Theorien hinterherrennen. **Es gibt nichts Endgültiges auf der Welt, alles ist immer nur ein Wandel der Formen und daher gibt es auch keine endgültige Erkenntnis.**

Bedenke, dass ein Widerspruch oder Lehrbuchirrtum in deinem persönlichen Weltbild auch auf deinem Unverständnis, deiner mangelnden Einsicht und Erfahrung sowie deiner begrenzten Weitsicht beruhen könnte.

Rein **erkenntnistheoretisch gibt es keine absolute Wahrheit**. Man kann sich eine Sichtweise auf die Dinge hernehmen und sich dieser Sichtweise anschließen. Sie wird dadurch nicht richtiger oder besser, aber es wird klar notiert, welcher Wahrheit du dich anschließen möchtest. Ein deutscher Philosophiestudent wird andere Sichten favorisieren als ein amerikanischer oder ein indischer Philosophiestudent. Keine der Sichten ist richtiger oder falscher, wenn sie den Regeln der Philosophie gemäß hergeleitet und dargelegt wurde.

In den MINT Fächern ist dies etwas schwieriger, weil wir den Messungen und Berechnungen vertrauen. Wichtig ist auch hier, dass jede Formel ein mathematisches Modell ist. Ein Modell ist eine zweckorientiert abstrahierte Abbildung der Realität, nicht die Realität selbst. Als jemand eine Formel herleitete und hinschrieb, tat er dies unter bestimmten Rahmenbedingungen. Diese bestimmten den Wahrheitsgehalt dieser konkreten Formel und deren Bedeutung. Auch völlig falsche Formeln können praktisch brauchbare Ergebnisse liefern.

Der Themenaufriss soll diese Fragen sorgfältig betrachten und klar herausarbeiten, welcher Theorie man sich anschließt, welches Formelwerk verwendet werden soll und warum, welche Begriffe genutzt werden sollen und welchen Gültigkeitsbereich die zu treffenden Aussagen haben sollen.

Die folgenden Fragen bringen dich ein Stück weit ins Thema und werden dir vielleicht zum Teil bekannt vorkommen:

- Was ist im gestellten Thema **möglich und was ist sinnvoll**?

- Was soll das **Kernarbeitsgebiet** der Arbeit sein?

- Was sind mögliche **Nebenthemen**, welche ggf. vertieft oder auch ausgelassen werden sollen?

- **Was genau will man machen und was will man explizit nicht machen**? Das ist die vielleicht wichtigste Frage des Themenaufrisses.

- Welchen Lehrmeinungen/Theorien/Ideen willst du dich anschließen und wird das von den Betreuern akzeptiert?

- Was genau ist die **wissenschaftliche Basis** der eigenen Ausführungen?

- Was genau sind die **Produkte (materielle wie immaterielle) der Arbeit**? Diese sollten von Anfang an sehr genau definiert werden, wie z.B.: „Eine Messung der Temperatur von lauwarmem Wasser sowie eine Berechnung der Wirkung dunkler Materie auf das Wachstum von Schimmel auf Käse werden qualitativ und quantitativ abgesichert vorgelegt. Eine Betrachtung der Rolle der Bedeutung soll nicht stattfinden.“

- **Welche wissenschaftliche Relevanz haben die angestrebten Ergebnisse**, wofür kann man sie verwenden? Diese Relevanz muss den Aufwand rechtfertigen und es muss einen irgendwie nützlichen Zuwachs an Wissen geben.

- Kannst du den **ethischen, sozialen, ökologischen Rahmen** des Themas vollumfänglich **verantworten und als nachhaltig nachweisen**?

- **Was sagt die Folgenabschätzung für die positiven und möglicherweise riskanten Auswirkungen Deiner Arbeit?** Albert Einstein oder Otto Hahn hatten sicher keine Massenvernichtungswaffen im Kopf, aber sie bereiteten den Weg dafür.

5.7.1 Begriffswelt

In diesem Schritt geht es darum, tief ins Thema einzusteigen. Jedes etwas komplexere Thema kann von vielen verschiedenen Seiten aus angegangen werden. **Beginne stets da, wo du am meisten weißt!** Welche **Begriffe stecken in Titel, Untertitel, Abstract und Aufgabe?** Notiere **Begriffsdefinitionen** für jeden fachlich und methodisch relevanten Begriff. Was ist ein "Methodenvergleich", was eine "Evaluation" usw. Es muss jeder Begriff exakt definiert sein, um eine **Kommunikationsbasis** zu haben, die auch für alle anderen Beteiligten einsehbar und nutzbar ist. Klarheit im Begriff liefert Klarheit im Denken, denn **Begriffe sind die Werkzeuge geistiger Arbeit**.

5.7.2 Themenaufriss

Recherchiere alles, was direkt oder indirekt mit dem Thema zu tun hat und notiere alle Möglichkeiten, die irgendwie in der Arbeit eine Rolle spielen könnten! Eine **MindMap** kann hierfür gute Dienste leisten. Das Einlesen ins Thema liefert schon eine solide Menge an Möglichkeiten. Wenn es absolut keine Literatur gibt, ist das Thema entweder zu speziell, zu absurd oder zu innovativ für eine sichere wissenschaftliche Arbeit. Das ist aber selten. Meistens hat man entweder ein echt wenig relevantes oder ein wissenschaftlich nicht sehr nützliches Thema. Oder man sucht nach den falschen Begriffen, in den falschen Journalen, mit den falschen Suchwerkzeugen.

Liegen die Möglichkeiten vor dir, so prüfe, wie weit die Aufgabenstellung, Thema usw. mit den gegebenen Möglichkeiten zusammenpassen. Muss das Thema aktualisiert werden? Oder können bestimmte Teile der entdeckten Möglichkeiten schon aufgrund der Aufgabenstellung ausgeblendet werden? Auf jeden Fall muss man eine Seite im Themenaufriss dafür opfern, um zu erklären, was man warum tut und was nicht und warum nicht und in welchem Rahmen die ausgeblendeten Themen ggf. später in Folgeprojekten weiterbearbeitet werden sollen.

Eine gute Möglichkeit ist es, sich einen Fragenkatalog zu erstellen. Alle Fragen, auch scheinbar naive Fragen, gehören da rein. Je mehr Fragen, desto mehr Handlungsraum. Die Fragen selbst konvergieren auf einen konkreten Punkt hin, welcher der Kern deines Themas und damit der zentrale Gegenstand deiner Arbeit ist. Unter Umständen muss in Folge des Themenaufrisses das Thema neu formuliert und neu eingereicht werden.

5.7.3 Themenabgrenzung

Definiere mit dem Wissen aus dem vorherigen Punkt genau das zu lösende Problem! Welche Aspekte sollen wie weit gelöst werden? Man muss nicht immer alles bis ins Kleinste klären, es ist besser, bei der zentralen Fragestellung zu bleiben und den Rest in den Ausblick setzen. Du darfst es nur nicht weglassen, aber abgrenzen ist gut und richtig und wichtig. Was sind die zu beantwortenden Fragen? Was müssen die zu erzeugenden Produkte der Arbeit konkret leisten? Du solltest etwas machen, was nützlich ist und wenn es nützlich ist, kannst du diesen Nutzen beschreiben. Die resultierende Leistung ist beschreibbar und deine Arbeit sollte dafür ausreichende, belastbare Ergebnisse liefern. Formuliere möglichst klare Kriterien, an denen die Qualität der zu erzeugenden Ergebnisse festgemacht oder gemessen werden soll. Woran erkennst du, dass die Arbeit fertig ist? Was soll als Ergebnis gelten? Ist das so vorstellbare Ergebnis eine gute Antwort auf die Themenstellung und Aufgabenstellung? Kannst du mit dem jetzt gedachten Weg und Ergebnis den Abschluss erlangen, den du haben willst?

5.7.4 ToDo Liste

Nachdem die meisten Ideen darüber gefunden wurden, welche Themen in der Arbeit behandelt werden sollen und welche nicht, muss nun eine konkrete ToDo Liste erstellt werden. Diese ist Basis für die Planung und die Abstimmung von Ressourcenverbrauch, Zielen und Terminen. Insbesondere soll die **ToDo Liste der Abstimmung im Team dienen und es soll gesichert werden, dass die Ziele und Ergebnisse von den Betreuern mitgetragen** werden. Differenzen in den geplanten Handlungen und deren Ergebnissen wären fatal in den Folgen für die Bewertung! Es sollen **alle wesentlichen Aussagen der Arbeit, die erhaltenen zentralen Produkte und Ergebnisse beschrieben sein**. Dies ist nur eine Erwartungshaltung, eine angestrebte Zielstellung. Man bedenke, dass es rein wissenschaftlich auch völlig legitim ist, wenn sich eine theoretisch plausible Vermutung als falsch erweist, sofern man einen sauberen Weg geht, diesen korrekt dokumentiert und lückenlos das tatsächlich erhaltene Ergebnis reproduzierbar darstellen und begründen kann. Dieser Schritt ermöglicht nur die Reduktion von Problemen. Man kommt durch diese Betrachtung auch wieder einen Schritt weiter in dem, was man rein abarbeiten muss. Die wissenschaftlich-kreative Arbeit lässt sich nicht in allen Facetten planen, aber einen Rahmen kann und muss man schaffen.

Moderne Wissenschaftler sind immer auch „Wissenserschaffungsmanager", was ein projektbasiert funktionierender Job ist und den sollte man auch projektbasiert und erfolgsorientiert angehen.

5.7.5 Thesenformulierung

Das Thesenpapier mit den 3-5, aber möglichst unter 10, wichtigsten Aussagen der Arbeit umfasst etwa eine halbe bis eine Seite in nummerierter Aufzählung. **Eine These ist im Normalfall als eine Behauptung formuliert, welche idealerweise mit Ja oder Nein beantwortet werden kann. Thesen werden im Laufe der Arbeit diskutiert und entweder belegt oder verworfen.** Beides sind akzeptable Ergebnisse!

Wenn du feststellst, dass eine Behauptung nicht zutrifft, ist das ein genauso wissenschaftliches Ergebnis wie die Erkenntnis, dass eine Behauptung zutrifft, sofern die Regeln wissenschaftlichen Arbeitens eingehalten wurden. Bedenke, dass **Wissenschaftlichkeit durch Arbeitsweise definiert** wird, nicht durch das Ergebnis! Ist die Arbeitsweise wissenschaftlich, kann das Ergebnis auch ein Irrtum sein. Es wird dann halt irgendwann widerlegt (falsifiziert), aber das ist legitim und betrifft so ziemlich alles in der Wissenschaft fast aller Disziplinen. Wäre das nicht so, würden wir immer noch glauben, dass die Erde eine Scheibe sei und die Sonne um die Erde kreist. So altert medizinisches Wissen mit einer Halbwertszeit von nur 5 – 45 Jahren, in der Physik eher um die 10 Jahre[2]! In der IT liegt die Halbwertszeit von Wissen bei etwa 2 Jahren. Dies liegt nicht daran, dass so viel Falsches gemessen und gerechnet wird, sondern eher daran, dass Wissen veraltet und damit nicht mehr verwendet wird. Viele Erkenntnisse werden aber auch berichtigt, präzisiert, verworfen und es kommt viel Neues hinzu, was die bis dahin bestehende Erkenntnis in einen neuen Kontext rückt, ohne sie grundsätzlich zu verändern. Der Begriff der Halbwertszeit von Wissen ist ein gutes Beispiel für basisfreies, verselbständigtes Wissen. Umfragen und Zählungen etc. bestätigen seit Jahrzehnten, dass es diese

---

[2] Arbesman in „Half-Life of Facts", 2012

Halbwertszeit gibt, aber der Begriff wurde nie wissenschaftlich unterlegt. Dennoch ist er praktisch nützlich, aber eben nicht streng wissenschaftlich und seine Aussagen unterliegen dem Wandel der Zeiten.

Habe den Mut, eine wissenschaftlich saubere Arbeit zu machen, auch wenn am Ende herauskommt, dass du dich geirrt hast. Dazu zu stehen zeugt von Größe. Ziel einer wissenschaftlichen Arbeit ist es, die Thesen zu bestätigen oder zu widerlegen, wobei man grundsätzlich ergebnisoffen an die Bearbeitung dessen heran gehen muss. Du hast dir etwas bei der Formulierung der These gedacht. Also gehe sorgsam wissenschaftlich damit um und akzeptiere das Ergebnis, egal wie es ausfällt! Die wissenschaftliche Arbeitsweise führt dich zu einem soliden Erkenntnisstand, der durchaus streitbar sein darf, nur eben nicht unwissenschaftlich!

Das Thesenpapier dient zugleich als Grundlage einer Gliederung, als Streitpapier, als Diskussionsgrundlage, als kreativer Impuls und natürlich als ein weiterer Schritt, um Klarheit für die zu machenden Aussagen zu erlangen.

Der Zeitpunkt zur Erstellung der Thesen ist verschieden. Ein bewährtes Vorgehen ist die Erstellung am Anfang der Arbeit aus den Betrachtungen des Themenaufrisses heraus, weil man in dieser Phase eine Behauptung begründet aufstellen kann, an der entlang man arbeiten kann. Man kann die Thesen am Ende noch einmal tunen, bevor sie an die Öffentlichkeit gehen für den Fall, dass sich eine These als besonders ungeschickt formuliert erweist. Die Thesen können jederzeit ergänzt werden, wenn etwa eine neue Erkenntnis die Dinge grundsätzlich ändert oder wenn sich eine Aussage aufgrund aktuellen Standes erübrigt. Wissenschaftlich sauber ist es in diesem Falle, diesen Schritt dokumentiert zu gehen und zum Beispiel in der Form "Es erschien naheliegend anzunehmen, dass XY, was sich in der Folge aus neuen Berechnung jedoch erübrigt, da diese Berechnung nach der

neuen Formel den Sachverhalt ausreichend und entgegengesetzt
erklärt".

5.8   Kolloquium

Das **Kolloquium zur Rechtfertigung des Themas** war in frühe-
ren Zeiten eine Form äußerst ergiebiger und **kreativer akademi-
scher Diskussion**, welche im Zeitalter der intellektuellen Effi-
zienzorientierung und der überfüllten Studiengänge immer
seltener durchgeführt wird. Kolloquium bedeutet so viel wie
„Fachgespräch" und genau das soll stattfinden, um die Themenrechtfertigung angemessen zu diskutieren.

Sollten interessierte Studierende das Szenario nachahmen und
von der hohen Effizienz profitieren wollen, hier die Anleitung:

Der **Student**, um dessen Thema es geht, **hält einen Vortrag** von
fünf bis zehn Minuten Länge im Falle der Bachelorarbeit, später
dann etwas länger, **in welchem er seinen Kommilitonen** (und
anderen Interessenten, idealerweise dem Professor und seinem
Betreuerteam) **Thema, Titel usw. vorstellt und rechtfertigt**.

**Nach diesem Vortrag wird von einem Sprecher des Auditori-
ums das Thema generell angezweifelt und mit sachlicher Begründung in Frage gestellt.** Die formale Falsifikation findet im
härtesten Falle statt bzw. wird versucht, um das Thema ganz
sauber zu prüfen. **Wenn die Falsifikation scheitert, hat das
Thema reale Chancen auf Erfolg.** Ebenso ergeht es allen Teilen
vom Titel bis zum Themenaufriss. Der Student muss nun jeden
Zweifel widerlegen oder zerstreuen und im wissenschaftlichen
Diskurs sein Thema rechtfertigen. Dies heißt **Entgegnung, Gegenrede oder Defensio.** Nach seiner Gegenrede des Studenten
wird beim zukünftigen Bachelor (cand. bach.) in der Regel die
offene Diskussion eröffnet, welche nun genug Inhalt erzeugen
sollte, um lebhaft das vorgestellte **Thema zu erörtern** und die
Rechtfertigung, Details der Formulierung und Intention sowie

der angestrebten Arbeitsmethodik, der Erwartungshaltung usw. sorgfältig und kontrovers zu hinterfragen.

Bei höheren Abschlüssen oder sehr anspruchsvollen Themen kann dieses Vorgehen variieren. Insbesondere mit Blick auf die Promotion ist eine solide Themenverteidigung eine gute Vorbereitung auf das Rigorosum, welches die Verteidigung der Ergebnisse krönt. Ist es nicht gerade ein fortgeschrittenes Thema, z.B. für die Masterthesis, kann man auch die Form der **allgemeinen Disputation** nutzen. Diese ist **systematischer, intensiver vorbereitet und läuft wesentlich geordneter ab als der allgemeine Diskurs**, der eine eigene Dynamik entwickelt, während in der Disputation die beteiligten Sprecher in aller Regel die Materialien im Vorfeld sichten und entsprechende Fragen bereits vorbereiten. Oft gibt man dem Studenten die Fragen schon ein paar Tage vor dem Disput, damit er sich entsprechend vorbereiten kann. **Im Disput selbst werden dann die einzelnen Fragen in freier Rede diskursiv vertieft.** Nach etwa einer Stunde hat man meistens das Thema komplett bestätigt, völlig überarbeitet oder man weiß zumindest, ob und wie man was tun muss. Bei solchen Veranstaltungen lernen alle Beteiligten dazu. Die so vorbereiteten Arbeiten werden in der Regel qualitativ sehr gut, die Teams stehen im Thema und identifizieren sich von Anfang an damit.

Es ist empfehlenswert, eine solche Veranstaltung als Kolloquium (Fachgespräch) oder für Fortgeschrittene als Disputation (Streitgespräch) offen bekannt zu machen und entsprechend den Interessenten im Vorfeld die zu diskutierenden Inhalte zugänglich zu machen. Das verbessert die Chancen auf ein vorbereitetes Auditorium und macht es den Zuhörern leichter, sich mit den Inhalten auseinander zu setzen. Du kannst durch den öffentlichen Charakter der Veranstaltung auch die Sichtweise anderer Personenkreise erfahren, aber auch ein wenig Werbung für das eigene Thema machen, was nützlich ist, wenn du Hilfe brauchst.

Die Themenrechtfertigung wird an manchen amerikanischen Universitäten interdisziplinär geführt. So muss ein Informatiker sein Thema vor Philosophen und Rechtswissenschaftlern rechtfertigen und der Chemiker muss sich mit Umwelttechnikern, Medizinern, im schwierigsten Fall mit Physikern, aber auch mit Philosophen auseinandersetzen. Dieses Vorgehen schärft die Sinne, öffnet den Horizont, verbreitert das Denken, schärft den Verstand und verdeutlicht alle wesentlichen Schwachstellen des Themas. Eine sehr zu empfehlende Praxis, die hierzulande viel zu selten genutzt wird.

Dieses traditionelle Vorgehen kostet Zeit, aber es ist enorm lerneffizient, zumal es ja theoretisch alle Kommilitonen des Jahrgangs betrifft, man also einen intensiven Einblick in die aktuellen Forschungsthemen bekommt, den man auch noch mit Leuten diskutieren kann, die aus ureigenem Interesse heraus gut im Thema stehen. Da ist für die eigene Arbeit immer auch ein Hinweis dabei und es ermöglicht ein allgemeines Interesse an den Arbeiten, die Vernetzung bei angrenzenden Arbeiten und einen in der Folge möglichen intensiven Austausch über die bearbeiteten Themen, was sehr fruchtbar ist. Als Nebeneffekt üben alle Beteiligten das Vortragen und verschiedene Formen der wissenschaftlichen Auseinandersetzung. Das Ganze gibt dir Sicherheit, Zuversicht, Klarheit und Bekanntheit.

Natürlich ist das in einem seelenlosen Massenstudiengang für BWL oder Jura nicht realisierbar. Dennoch möchte ich auch Studierende dieser Fachrichtungen ermutigen, kleine, informelle Rahmen dafür zu finden, diese wertvollen akademischen Arbeitsweisen zu pflegen. Es muss nicht immer der Hörsaal sein, man kann auch in der Lerngruppe mit einem Bierchen in der Hand eine Disputation durchführen. Die Rollen kann man auch unter Studis verteilen. Nutze die Möglichkeiten!

6   Planung

Ein Plan ist ein Wunsch an die Zukunft. Er muss im Falle der Bachelorthesis die folgenden Aufgaben erfüllen:

- Zu erreichende Ziele definieren (S.M.A.R.T. Prinzip) und in Teilziele runterbrechen

- Adäquate Form zur Darstellung der Abfolge von Zielen und Teilzielen anlegen, die im Verlauf aktualisiert und weiterentwickelt werden kann

- Mögliche Wege zum Ziel benennen und bewerten

- Nötige Ressourcen benennen und deren Sicherstellung beschreiben

  o   Personelle Ressourcen: Mitstreiter, Unterstützer

  o   Technische Ressourcen: Maschinen, Geräte, IT, Verbrauchsmaterial

  o   Finanzielle Ressourcen: Anschaffungskosten, Betriebskosten, Entsorgungskosten, eigenes Überleben (in der Zeit kannst du nicht nebenher jobben)

- Verantwortlichkeiten definieren (Wer ist wofür zuständig?)

- Termine setzen (Ergebnisse planen, nicht Arbeitszeiten)

Dies stellst du tabellarisch, als GANTT Chart, Netzplan oder Roadmap dar und leitest daraus eine ToDo Liste ab. Verwende entsprechende Apps, welche über eine Cloud den synchronisierten Stand der Planung auf PC und Smartphone verfügbar machen und mit dem Team teilbar werden lassen.

Die Timeline ist ein mehr oder weniger linearer Ablauf, wobei man Überlappungen zu vermeiden sucht. Was parallel laufen muss, das läuft eben parallel, aber man sollte bewusst seriell planen, weil die Parallelität erfahrungsgemäß von alleine entsteht und das Unterfangen schnell sehr komplex macht. Das serielle Planen vereinfacht die Übersicht und reduziert den Planungsaufwand für alle Beteiligten, zumal die meisten Studenten im Rahmen ihres Studiums nicht so viele Kenntnisse und Fertigkeiten im Projektmanagement, der Arbeitsorganisation oder sonstigen praktischen Planungsmethoden erwerben, dass sie in der Lage wären, diese effektiv und sicher einzusetzen. Einfachheit ist eine wesentliche Voraussetzung für den Erfolg der Arbeit.

Denkbare Ausnahmen sind Studiengänge wie Arbeitsorganisation, Projektmanagement oder Studenten an Berufsakademien und Dualen Hochschulen, von denen man selbstverständlich erwarten kann, dass sie über wenigstens semiprofessionelle Planungs- und Organisationskompetenzen verfügen. Zunehmend verfügen auch Betriebswirte und Ingenieure über einige Kenntnisse zu Planungs- und Organisationstechniken, welche in der Abschlussarbeit eine erste praktische Anwendung finden.

An hochbegabte Studenten sei der Rat gerichtet, die eigenen Ziele an der Umwelt zu orientieren, um die Chance, im gegebenen Rahmen fertig zu werden, zu verbessern. Perfektion ist nicht gefragt, sondern gutes Handwerk, kein Egotrip, sondern Dienst an der Wissenschaft. Termine und Ergebnisse vor Grandiosität! **Bedenke, dass eine Idee nicht größer sein darf als die Hochschule, insbesondere der Lehrstuhl, wo sie ausgebrütet werden soll!**

6.1   Startphase

Ein Thema zu finden und auszuformulieren, sowie passende, verfügbare, bereite und zugelassene Betreuer zu wählen und zu begeistern sollte nicht mehr als 2- 3 Wochen dauern.

Die **Themenformulierung ist ein iterativer Prozess, welcher ein bis zwei Wochen braucht**, weil man an einem Tag Thema und damit Titel und Untertitel formuliert, dann darüber schläft und das Ganze am nächsten Tag perfektioniert. And repeat! Die Formalismen der Hochschule müssen überwunden werden und nach Verbreitung unter potenziellen Ansprechpartnern werden hoffentlich alle benötigten Teammitglieder gefunden und inhaltlich auf Linie gebracht. Oft sind nun noch **Abstimmungen mit Betreuer, Gutachter und anderen Beteiligten notwendig**. Diese Absprachen dauern einige Zeit, weil man selten sofort beim Betreuer einen Termin bekommt. Du musst **Wartezeiten einplanen, also rechtzeitig um Termine bitten**.

Die **Erstellung des Themenaufrisses dauert im Schnitt vier Wochen**, weil man sich nun in das Thema etwas tiefer einarbeiten muss. **Hier besteht noch die Chance, die Themenformulierung zu ändern. Ziel dieses Arbeitsschrittes ist es abzugrenzen, was genau man machen will und was nicht.**

- Die **erste Woch**e braucht man für die **Analyse des Themas**. Du hast Begriffe zu identifizieren, Zusammenhänge zu erkennen, Fragen zu entwickeln und vieles mehr.

- Die **zweite Woche** braucht man für **inhaltliche Orientierung** in **Literatur und Medien**. Man googelt und liest sich über Wikipedia als mehr oder minder guten Startwert in das Thema und die angrenzenden Themengebiete ein. Primärliteratur kann hier schon grob gesichtet werden. Es geht in diesem Schritt darum, einen **Überblick über Umfang, aktuellen Stand der Dinge und die eigentliche Fragestellung** zu erhalten, also um **Katastrophenvermeidung**. Im Zweifel ist es kein Fehler, diesem Schritt etwas mehr Aufmerksamkeit zu schenken, wir befinden uns schließlich in der Themenfindung und dem Themenaufriss, was beides vor der Einreichung des fertig formulierten Themas stattfinden soll und demzufolge relativ frei definierbar im Zeitrahmen ist. Die Arbeit kann nicht besser werden als das Thema ausformuliert und im Themenaufriss geprüft wurde!

- Die **dritte Woche** dient dem **Eröffnen der möglichen Arbeits- und Lösungsräume**. Man grenzt ab, was man eher nicht bearbeiten will und skizziert Wege, die sich als lohnend für die Arbeit anbieten. Diese Vorschläge werden dann mit den Betreuern diskutiert.

- Die **vierte Woche** ist für die **Auswahl der zu bearbeitenden Inhalte und deren Abgrenzung** nützlich. Es entstehen eine konkrete Liste der Themen, To Do Listen und eine Aussage für jedes dieser Themen und To Dos, wie weit sie betrachtet werden sollen, mit welchem Ziel und welchem Ergebnis sie bearbeitet werden. So kannst du sichern, dass du dich nicht verrennst.

Die Ziele definieren und mit deinem Betreuer absprechen dauert 2 bis 3 Tage, weil der Betreuer sich in die bisherigen Papiere, wir sind jetzt bei etwa 5 Seiten Ausarbeitung angelangt, einlesen, darüber nachdenken und einen beeindruckenden Kommentar abliefern muss, in welchem er sich dazu positioniert, was bisweilen auch für den Betreuer viel Arbeit macht. Nach eventuellen Korrekturen wird der im Wesentlichen fertige Themenaufriss den Betreuern zugestellt und ein gemeinsamer **Kick-off Termin** vereinbart. Dieser darf gerne weniger formell sein - je nachdem, wie die Beteiligten so ticken. Will man klugerweise ein Kolloquium zur Themenrechtfertigung machen, so ist dies vor die Bitte um Segen der Betreuer zu setzen. Je besser die Vorarbeit, desto weniger Kritik und Korrektur kommen danach und vor allem: Gute Vorarbeit sichert gutes Feedback. Oberflächliche Vorarbeit liefert oberflächliches Feedback über Basics und nicht zu den drängenden Fragen.

Ein kleines Kick-off Meeting kann sichern, dass gemeinsame Akzeptanz und Konsens zwischen Betreuern, Gutachtern und Student zu folgenden Punkten bestehen:

- das **Thema und die Erwartungen,** welche man an dessen Bearbeitung hegt, was letztlich Bewertungsgrundlage ist

- die **selektierten Inhalte**, die in der Zeit und bei gegebenem Ausbildungsstand angemessen sein müssen, aber auch ausreichend für den akademischen Grad

- den **Bearbeitungsfokus**, dem man im Zweifel oder bei Zeitproblemen andere Fragen opfert, der aber auch eine bestimmte wissenschaftliche Lehre, einen Blickwinkel favorisiert

- die grobe Timeline, welche die wichtigsten großen Aufgaben benennt und zeitlich machbar verteilt

- die **angestrebten Ergebnisse** in Inhalt, Form, Genauigkeit, Richtigkeit, empirischem Umfang, statistischer Sicherheit, formeller Darstellung usw.

Die Betreuer und Gutachter, der Mentor, eventuell sonstige Beteiligte sollten sich zumindest zu diesem Zeitpunkt kennengelernt haben und miteinander auf eine gemeinsame Linie einigen. Dieses Commitment sichert neben einer konsistenten Unterstützung auch eine halbwegs einheitliche Sicht auf die Arbeit bei der Bewertung am Ende und eröffnet Horizonte für die Nutzung im Sinne der beschlossenen Strategie (siehe Karrierestart).

6.2 Drittelregel

Es gibt eine Faustregel, die gemeinhin als Orientierung in der Zeitverteilung ganz gut funktioniert. Sie teilt die Arbeitszeit in

- Literaturarbeit,

- praktische Arbeit und Auswertung

- Zusammenschreiben und Finish.

Nachfolgend einige Ideen, die du einplanen solltest: Anträge an Prüfungsausschuss, Termine beim Immatrikulationsamt, Betreuer, Institutsdirektoren usw. kosten oft enorm viel Zeit und es gibt Termine! Notiere alle festen Termine, die deine Arbeit betreffen exakt und jeden Tag sichtbar! Notiere dir alle Öffnungszeiten von Ämtern, Bibliotheken, Materialausgaben usw. Plane immer mindestens einen Tag, besser drei Tage vorher als Deadline, niemals die Abgabe selbst. Plane niemals, wirklich niemals etwas auf den letzten Drücker. Knapp wird es von allein. Plane mit Sicherheitslücken. Dein Gesamtplan sollte in Summa etwa 10% der Gesamtzeit als Puffer haben. Die Pufferzeit verbraucht sich sicher durch unvorhergesehene Dinge. Interne Abgabetermine, Konsultationen usw. sollten mittwochs liegen. So kannst du am Donnerstag Korrekturen erarbeiten, vergessene Dinge schnell noch lösen und nachreichen, sodass am Freitag der Endtermin gehalten werden kann. Endtermine sind immer freitags und der interne Termin in der Planung dazu ist immer ein Mittwoch. Bedenke, dass Murphys Gesetz mit der Erbarmungslosigkeit einer Steuererklärung funktioniert und stelle deine Planungen darauf ab, dass du durch alltägliche Katastrophen nicht sofort völlig aus der Bahn geworfen wirst. Den Stress brauchst du in dieser ohnehin fordernden Phase nicht!

6.2.1 Literaturarbeit

Das erste Drittel der gesamten Zeit für eine Studienabschlussarbeit ist Literaturarbeit. Recherche ist der Anfang der Literaturarbeit. Sie beinhaltet generell vier Stufen:

- **Internetrecherche** für die erste Orientierung im Thema

- **Sekundär- und Tertiärliteratur**, also Lehr- und Fachbücher sowie White Papers, Vortragsfolien usw. für den Überblick und Themeneinstieg

- **Primärliteratur** für die **fachwissenschaftliche Quellenarbeit**, Details, die Tiefe der Arbeit und dafür, dass man die Aussagen in den vorherigen beiden Schritten werten kann

- **Sichten, Katalogisieren, Exzerpieren, Zusammenfassen, Sortieren, Priorisieren von Literaturstellen** aller drei Recherchestufen

Es empfiehlt sich, Lesetage einzuplanen, an denen man keine neuen Literaturstellen sucht, sondern bereits vorhandene liest und neue Fragen, weitere Rechercheaufgaben usw. einfach nur notiert und später ausführt. Das Lesen am Stück ist konzentrierter als das schnelle, stückhafte Lesen im Wechsel mit immer neuer und weiterführender Recherche. Hierbei hat man die folgenden begleitenden Tätigkeiten zu erledigen:

- **Wichtige Aussagen erfassen** und stichpunktartig oder als Schlagwort, Formel, Skizze **notieren**

- **Literaturstellen immer sofort in die Literaturverwaltung** eintragen, ein Werkzeug wie Citavi, oder ein anderes Recherche- und Literaturverwaltungswerkzeug, ist dabei hilfreich

- **Nicht verzetteln beim Lesen!** Überblick behalten, gründlich bleiben, aber nicht alles auswendig lernen.

- **Kopieren, was wichtig erscheint**, um die Kosten für verspätete Rückgabe im Rahmen zu halten und **auf die Literaturstellen schnell zugreifen zu können**

- **Textmarker sind wertvolle Werkzeuge** - wenn man sie benutzt. PDF-Leseprogramme, eBook Reader usw. haben ebenfalls Marker Tools, die überaus nützlich sind!

6.2.2 Checkliste Literaturarbeit

- Identifizieren der Probleme, die mit Hilfe der Literatur gelöst werden sollen (Themenaufriss nutzen)

- Notieren der Ziele der Recherche (Themenaufriss, Thesen)

- Unterlegen der Rechercheziele und geplanten Arbeiten mit der Literatur, die sich finden lässt

- Thesen mit Literatur begründen oder widerlegen

- Vorgehensweise zum Bestätigen oder Widerlegen der Thesen skizzieren und mit Literatur begründen

- Bekannte Risiken, Alternativen und mögliche Irrtümer, ggf. auch aus der Literatur, notieren und entscheiden, ob diese diskutiert oder nur angemerkt werden sollen

- Fragen stellen und Fragezettel beim Lesen ergänzen, der wird zum Teil beim Lesen beantwortet, aber manches bleibt als Frage an das Team bestehen

- Antwortzettel führen und beim Lesen die Antwortideen und Literaturverweise im Literaturverwaltungswerkzeug führen

6.2.3 Praxisteil

Das zweite Drittel entfällt auf die praktische Arbeit am Thema. Hier wird analysiert, gemessen, gebastelt, programmiert, gemalt, befragt, gerechnet, argumentiert, diskutiert, recherchiert und konstruiert oder was immer die Thematik erfordert. Die Grundlagen hierfür sollten aus der Literaturarbeit bekannt und gesichert sein. Es wird nur noch dann in die Literaturarbeit zurückgesprungen, wenn man unerwartete Erkenntnisse hat, durch tieferes Verständnis neue Ansichten und Fragen entstehen oder wenn etwas gründlich schief geht. Prüfe sorgsam, ob diese neuen Fragen jetzt Gegenstand der Betrachtungen sind oder in den Ausblick gehören!

Hauptziel dieses Teils der Arbeit ist die Erstellung einer Beschreibung der genauen Arbeitsmethodik zum Erreichen der geplanten Ziele. Du musst Versuchsaufbauten, Arbeitsweisen, Werkzeuge, Vorgehensweisen, Befragungen, Diskussionsgegenstände usw. auswählen, begründen, beschreiben und deren Verfügbarkeit sichern. Weiterhin musst du erwartbare Fehlerquellen identifizieren, Risiken, Gefahren, aber auch Erfolge und Nebeneffekte, Synergien und Schnittstellen zu anderen Themen benennen (Abgrenzung gemäß Themenaufriss hilft). Dies ist vor allem für experimentell orientierte Arbeiten wichtig.

Das Durchführen der geplanten praktischen Arbeit unter Nutzung der beschriebenen Methoden und Einrichtungen unter besonderer Berücksichtigung der erwarteten Ziele, aber auch der erwartbaren Probleme, Seiteneffekte, Synergien und permanente Offenheit für unerwartetes Verhalten sind dann der Arbeitsschritt, für den du alle Organisation zuvor geleistet hast.

6.2.4 Checkliste Praxisteil

- Wurden alle **zu klärenden Fragen** als Fragen formuliert und **notiert**?

- Wurden alle **durchzuführenden Arbeiten** durchführbar **beschrieben**?

- Geräte, Einrichtungen, Versuchsaufbauten, Literatur, Versuchskandidaten und andere planbare/erwartbare **Ressourcen**

  - **geplant** und

  - **bestellt** und

  - **sichergestellt?**

- **Helfer, Unterstützer, Betreuer gesichert?**

- Berechtigungen, Reiseanträge usw. besorgt?

- **Zeitplan und Ressourcenplan stimmen überein?**

- **Risiken und Problemfelder bekannt und abgesichert?**

- Bereit für das Unerwartete? Murphy is ready for you…

Dann leg los! Die praktische Arbeit am Thema ist der wichtigste Teil. Hier wird deine wissenschaftliche Eigenleistung erkennbar. **Dies ist der produktive Teil wissenschaftlicher Arbeit.** Im Falle einer vordergründig theoretischen Arbeit erfolgen hier die Herleitung einer Theorie, die Beweisführung, die Widerlegung der Falsifikation, die empirische Unterlegung der Theorie oder zumindest das Ausarbeiten der Theorie selbst.

Der praktische Teil schließt mit einer Erstauswertung der erhaltenen Daten, Ergebnisse, Erhebungen usw. Dies dient dazu sicherzustellen, dass man den praktischen Teil tatsächlich weitgehend beenden kann. Sicher laufen längere Messungen noch weiter und manche Befragung braucht länger als erhofft. Aber die Kernaussage sollte befriedigend geklärt und gesichert sein.

6.2.5 Auswertung

Das letzte Drittel der Zeit dient der Auswertung der Ergebnisse und deren Zusammenstellung, dem Zusammenschreiben der Arbeit, den Korrekturen sowie dem formellen Vervollständigen,

Formatieren, Anhübschen und letztlich dem Binden. Es wird gesichert, dass der Arbeitsablauf transparent, reproduzierbar und qualitativ wie quantitativ zuverlässig dokumentiert ist.

Bedenke, dass **das Schreiben selbst nicht jedem gleichermaßen gut liegt**. Das **Formatieren** ist nicht schwer, aber es **braucht Zeit. Korrekturleser brauchen Zeit** zum Lesen und Korrigieren, Betreuer können nur Feedback geben, wenn sie rechtzeitig was zum Lesen haben und genug Zeit ist, um das Gelesene auch zu verarbeiten und ein adäquates Feedback zu geben.

Die **Auswertung der praktischen Ergebnisse vor dem Hintergrund der Literatur** dient dazu, die Literaturaussagen zu erweitern, zu bestätigen oder zu widerlegen, es muss demnach einen Kontext geben zwischen dem Stand der Wissenschaft gemäß Literatur und dem, was du in deiner Arbeit herausgefunden hast. **Das ist der Hauptauftrag von Wissenschaft: Wissen zu schaffen, welches bisheriges Wissen erweitert, korrigiert, präzisiert oder verwirft.** Bereits vorhandenes Material zum hundertsten Mal in eine neue Form zu bringen, ist keine wissenschaftliche Eigenleistung, sondern Fleißarbeit für einfach strukturierte Wesen.

Man muss sich gut überlegen, **wie sicher die eigenen Aussagen** sind. Es ist legitim, der Literatur zu widersprechen, wenn man eine Alternative hat oder begründen, herleiten oder beweisen kann, warum der Widerspruch gerechtfertigt ist. Widerspruch gegen gängige Lehrmeinungen ist mutig und befruchtet die Wissenschaft. Aber man muss schon sehr gut gesicherte Erkenntnisse haben, bevor man diesen mutigen Schritt geht. Es ist klug, sich an der Literaturrecherche entlang zu bewegen. Die **eigene wissenschaftliche Leistung muss dennoch deutlich erkennbar sein** und es muss ebenfalls deutlich erkennbar sein, dass die **neuen Erkenntnisse aus dem gesicherten Bestand heraus entstehen**. Man muss nicht zwangsläufig die Quantenmechanik neu erfinden. Aber man darf, wenn man kann.

Das **Zusammenschreiben der Ergebnisse und der Schlussfol-
gerungen aus den Ergebnissen dauert meistens nur zwei Tage
bis eine Woche**. Aber die einzuplanende Zeit ist stark davon abhängig, wie die Ergebnisse vorliegen und wie man **auf die Berechnungen und Auswertungen vorbereitet** ist. Wenn du jetzt
erst anfängst, die entsprechende Software kennenzulernen und
die mathematischen Grundlagen nachzuholen, wird es wohl
knapp mit der Zeit.

Weiterhin ist die Frage nach der Ergebnissicherheit zu klären,
welche mitunter Nacharbeiten oder geschickte Formulierungen
im Sinne erfolgsfördernder Rhetorik bei gleichzeitiger wissenschaftlicher Redlichkeit erfordert. „Der Wert steigt an" ist eine
andere Aussage als „Es zeigt sich eine tendenziell eher zur Stei-
gerung neigende Entwicklung des Wertes". Ersteres ist eine gesicherte Aussage, zweiteres sagt ganz klar aus, dass man die Stei-
gerung schon in den meisten Fällen beobachtet, aber keine
belastbare Basis drunter legen konnte. Solche Formulierungen
führen stets zu einer Notiz im Ausblick, weil man dem in der
Folge genauer nachgehen muss.

Auch **Fehler und Fehlschläge müssen dokumentiert werden**,
schon damit andere diese nicht auch tun. In der Chemie naheli-
gend und in der Medizin wünschenswert, in anderen Fachrichtungen oft eher unüblich, was zu Redundanz, Ineffizienz und
teuren bis schmerzhaften Wiederholungen der immer gleichen
Fehler führt. Was einmal ein Labor zerlegt hat, sollte das kein
zweites Mal tun. Daher ist es wichtig, auch kleine Erkenntnisse,
z.B. im Handling von Substanzen oder technischen Geräten, zu
notieren, weil dies einerseits Leben und Gesundheit schützt, an-
dererseits aber auch Zeit, Geld und Nerven spart und der Reproduzierbarkeit dienlich ist.

Korrekturen in der Arbeit, besonders durch das **Gegenlesen,
brauchen Zeit**. Plane so: **Ein Gegenleser ist nach einem Gegenlesen für eine bis zwei Woche verbraucht**. Erst dann kann er

wieder gegenlesen und Fehler tatsächlich finden. Gegenleser haben auch ein Leben. Gibst Du eine Arbeit raus, dann gib das raus, was gelesen und korrigiert oder kommentiert werden muss. Die Leute müssen nicht alles lesen! Plane 2-3 Tage ein, bis das gewünschte Feedback frühestens eintrifft. Dann **arbeite die Korrekturen ein, erst dann gib ein neues Gegenleseexemplar raus**. Paralleles Gegenlesen durch mehrere Leute ist ineffektiv, weil die Leute die gleichen Fehler finden und es kann passieren, dass du gegensätzliche Meinungen zu demselben Problem bekommst, die dich verunsichern. Eine gefährliche Situation! **Lasse erst die fachliche Struktur der Arbeit korrigieren und verbessere diese**. Verbessere zuerst den Inhalt und dann die Formulierungen und Ergebnispräsentation. **Content is King!** Rechtschreibung kommt zuletzt und Anhübschen zuallerletzt. Faustregel zur Rechtschreibung: 3 Fehler auf 100 Seiten sind die Schmerzgrenze. An traditionellen Fakultäten wird die Arbeit abgelehnt, wenn diese Grenze überschritten wird!

Ergänzungen in Details durch externe Anregungen der Betreuer und Gegenleser sowie **Formatierung, Grafiken, Satz** und **Endredaktion, Drucklegung** und **Kontrolle der Drucke**, ggf. Korrekturen der Drucke, benötigen in der Regel **etwa 1-2 Wochen**. Das letzte Wochenende ist ein wesentlicher Planungsteil! Man erreicht die Betreuer nur vielleicht und den Copyshop für Druck und Bindung nur dann, wenn man genug Zeit hat. Murphys Gesetze gelten auch in Copyshops! Also Abgabetermine immer auf den Freitag legen, niemals auf den Wochenanfang!

6.2.6 Checkliste Auswertung

- Alle Erkenntnisse, Daten, Vermutungen, Messwerte, Skizzen, **Endprodukte liegen vollständig und verarbeitbar vor?**

- **Nachweisführung ist lückenlos?**

- **Daten und Erkenntnisse sind elektronisch verarbeitbar**?

- **Endprodukte sind haltbar gemacht** und ausreichend lange gesichert gelagert? Im Falle von Daten wurden die entsprechenden **Wissenschaftsserver verwendet**?

- **Berechnungsverfahren klar** und nötige Technik für Auswertung usw. verfügbar und Bedienung ist klar?

- Alle **Fragen**, welche zu beantworten sind, **liegen vor** und sind **unmissverständlich formuliert**? Eventuell **neu aufgetretene Fragen** sind ebenfalls **eingearbeitet**?

- Alle Ergebnisse, Antworten und zugrunde liegenden Messungen sind in **statistisch sicherer Quantität und fachlich relevanter Genauigkeit** vorhanden?

- **Ergebnisse sind geprüft** (Verifikation, Validierung, Falsifikation, Diskussion, Negation, Beweis)?

- Darstellung der **Ergebnisse sind fachlich adäquat, optisch ansprechend**, klar, eindeutig, übersichtlich?

- **Aussagen**, die aus den **Ergebnissen** resultieren sind **adäquat**, insbesondere bezüglich der Belastbarkeit **formuliert**?

- **Ablauf- und Arbeitsprotokolle** sind überarbeitet?

- **Ziele** der Arbeit wurden **erfüllt** bzw. deren **Unerfüllbarkeit** absolut wasserdicht **begründet**?

- Wie weit wurde das **Endergebnis gemessen an der Zielsetzung** erreicht?

- Weiterführende Themen, verbleibende Unsicherheiten, Restfehler und Zweifel erklärt, begründet und im **Ausblick konsistent als Perspektive dargestellt**?

- Fazit, Danksagung, Schluss adäquat formuliert?

- Druck und Bindung ok?

- Ist es großartig, nur ertragbar oder nicht weiter zu erwähnen?

6.3   Planungsrichtwerte

Ein paar einfache Erfahrungswerte mögen hilfreich sein, um Details der Planung besser zu verstehen. Die folgenden Angaben sind Faustregeln, keine Gesetze. Entsprechend können diese Angaben im konkreten Falle abweichen. Ist die Abweichung jedoch massiv, dann sollte man die Gefahr des Verzettelns, Motivationsprobleme, Erschöpfungszustände, Organisationsfehler usw. ernsthaft prüfen.

- Die **erste intensive Review erfolgt nach 4 Wochen**, damit die Betreuer rechtzeitig Richtungskorrekturen liefern können.

- Das **Zusammenschreiben** der Arbeit selbst **dauert im Schnitt 4 Wochen**, bei Dissertationen in Fächern wie Jura, Geschichte usw. erheblich länger, was an der fachüblichen Arbeitsweise und der absoluten Menge des zu schreibenden Textes liegt. Diktiersysteme sind nützlich, wenn man gewohnt ist, damit umzugehen und druckreife Sätze zu sprechen.

- **Eine Woche vor Gesamthalbzeit große Review des Arbeitsstandes, Risikoanalyse und letzte inhaltliche Richtungskorrektur** mit allen Betreuern und ggf. weiteren Stakeholdern (jeder direkt beteiligte Mensch ist ein Stakeholder)

- In den meisten Prüfungsordnungen ist festgelegt, dass man das Thema bis zu einem bestimmten Termin (oft Halbzeit oder 6 Wochen nach Einreichung) noch ändern oder zurückgeben kann. Verpasse diese Gelegenheit nicht! Wenn eine Änderung nötig erscheint, ist das spätestens jetzt klar.

- Je nach Fach gibt es verschiedene Katastrophen, die man nicht planen kann, aber für möglich halten muss! Bei Künstlern kann es z.B. passieren, dass Models ausfallen, oder Proberäume nicht frei sind, bei Informatikern, dass ein Programm nicht geliefert wird oder bei Physikern, dass eine Versuchsanlage nicht wie geplant frei wird usw. Diese Eventualitäten werden in der **Risikobetrachtung** nochmals geprüft und durch **Ersatzpläne** abgesichert.

- **1 Woche** planst du für **Drucken und Binden**, weil hier die verrücktesten Dinge passieren und es immer Fehler gibt, die beim Blättern im fertig gedruckten Exemplar auffallen. Egal wie oft man das korrigiert hat. Das ist ein Murphy-Gesetz.

- **Gegenleser sind** nach Einsatz **für 1-2 Wochen "verbraucht"**, weil sie das Gelesene erst weitgehend vergessen müssen, um wieder ausreichend distanziert und kritisch lesen zu können.

- Ein Gegenlesen dauert, je nach Stand, Umfang und Komplexität der Arbeit, meist mindestens ein Wochenende. Am Anfang einen Tag, am Ende 2-3 Tage, bei Dissertationen länger. Gegenleser haben auch ein Leben, welches sie nicht zum Gegenlesen aufgeben. **Mehr als 3 - 4 Stunden kann man am Tag nicht effektiv gegenlesen, kommentieren und korrigieren.**

- Literatur kann online bestellt werden, die Verfügbarkeit der bestellten Bücher kostet meist einen Tag.

- **Fernleihen** spezieller Fachzeitschriften **dauern bis zu 3 Wochen**, bei **Überseebestellungen** rechne besser **6-8 Wochen**, denn die Kurierkosten für 2 Wochen oder drunter sind kaum bezahlbar. Elektronische Fernleihe ist nicht immer verfügbar und nicht jeder Artikel ist kostenlos im Web zugreifbar!

- Internetrecherchen werden im Zeitaufwand oft unterschätzt, man plane **20% der Recherchezeit fürs Internet** ein.
  Wichtig ist es hier, **geeignete Suchbegriffe** zu finden und
  diese auch festzuhalten.

- **Technische Probleme** verbrauchen etwa **5-10% der Arbeitszeit**. Je nach eigener technischer (In)Kompetenz ist hierfür
  mehr oder weniger Zeit einzuplanen. Ein gutes Verhältnis
  zum Computernerd von nebenan ist ganz sicher von großem Wert. Für Pizza- und Kaffeeflatrates machen die Jungs
  fast alles.

6.4 Checkliste Zieldefinition

Ein Ziel ist ein geistig vorweg genommenes Ergebnis. Ziele sollen S.M.A.R.T. formuliert sein!

- Was genau sind die einzelnen **Produkte**, welche bei Abschluss der Arbeit vorgelegt werden? (z.B. Programm, chemische Substanz, Algorithmus, Beweis, Berechnung etc.)

- **In welcher Form sollen gestellte Fragen beantwortet** werden? (binäre Antworten, detaillierte Beschreibungen, Formeln, Video, Bewegungsabfolge eines Roboters, Interpretation bestehender Erkenntnisse usw.)

- Wie sollen die **Thesen bestätigt oder widerlegt** werden? Man kann Thesen verifizieren, validieren oder falsifizieren. **Was genau soll geschehen und wie**?

- Abgleich dieser Zielformulierung auf folgende Kriterien:

  o Sind diese **Ziele als Lösung der gestellten Aufgabe** akzeptabel?

  o Sind die **Ziele der geplanten Nachnutzung** der Arbeit **dienlich**?

  o Sind sie **den persönlichen Zielen dienlich**?

  o Sind diese **Ziele mit den gegebenen Ressourcen** realistisch **erreichbar**?

Größere Katastrophen sollten weitgehend ausgeschlossen sein, wenn diese Checkliste abgearbeitet wurde. Es sollte klar sein, **was man jetzt machen sollte, wie man es machen sollte und was in den nächsten Wochen entstehen wird.**

6.5 Projektmanagement

Die Arbeit ist in sich geschlossen, hat Anfang, Ende und konkretes Ziel, sie ist innovativ und einmalig und sie wird hoffentlich nicht wiederholt. Damit handelt es sich eindeutig um ein Projekt. Es ist klug, die Abschlussarbeit auch als Projekt zu planen und durchzuführen. Jedes Projekt hat die Parameter Qualität, Zeit und Aufwand (Quality - Time - Costs, QTC), an denen man den Projektverlauf führen kann. Man muss wissen, welche Ressourcen für die Zielerreichung benötigt werden und man muss diese Ressourcen sicherstellen, damit sie zum richtigen Zeitpunkt in der benötigten Menge und Qualität am richtigen Ort verfügbar sind. Das ist gemeinhin nicht schwer, aber dennoch ein viel unterschätzter Schritt, der in diesem Kapitel gegangen werden soll.

Die Qualität der Arbeit wurde in den ersten Kapiteln ausreichend beschrieben. Ziele sind klar, die erwarteten Ergebnisse und Produkte sind definiert, man weiß, was man wie tun will. Jetzt sind die **organisatorische und materielle Sicherstellung sowie die planmäßige Struktur** wichtig.

6.5.1 Timing

Kontinuität ist der Schlüssel zur Terminhaltigkeit!

Plane Ergebnisse, nicht Handlungen oder Prozesse! Nicht: eine Woche Bibliothek durchackern, besser: Am Freitag habe ich die und die Bücher und Papers gelesen und zusammengefasst. Ich weiß dann das und das.)

Hochbegabte brauchen eventuell andere Strukturen, die dann trotzdem ergebnisorientiert sind, aber die Ergebnisse eher als Prinzipien formulieren, weniger als Dinge, die man auf den Tisch legen kann. Es können auch abstraktere Betrachtungsweisen und komplexere motivationale Momente genutzt werden wie „Schönheit und Nutzen der Formel herausarbeiten" statt „Formel ausklammern und umstellen". Der einfache Geist arbeitet sklavisch, dienend, schicksalsergeben. Der sensible Geist arbeitet einfach nicht, wenn die Motive gar zu platt sind, im Dogma stagnieren oder Selbstzweck sind. Hochbegabte leiden oft unter sinnlosen und formellen Dingen. Das kann massiv einschränken.

Wenn du etwas tust, solltest du dir Gedanken machen, was genau bei dem konkreten Arbeitsprozess herauskommen soll und dann das Erreichen dieses Ergebnisses planen. Plane vom Abgabetermin ausgehend rückwärts, denn die Abgabe ist sehr klar definiert. Was in der letzten Woche passiert, lässt sich immer ganz klar sagen und ist bei jeder Arbeit das Gleiche. Du kannst genau sagen, wann die letzte Version sprachlich kontrolliert, formell oder fachlich kontrolliert wird, wann welcher Überarbeitungsschritt folgerichtig stattfindet und wann du was fertig haben wirst. Ebenso kannst du sagen, was du wann anfangen musst, um dieses Ergebnis zu der entsprechenden Zeit zu erreichen. Entsprechend dem Grundsatz „Beginne da, wo du am meisten weißt", kannst du wie folgt das ganze Projekt planen:

Setze, ausgehend vom Abgabetermin, zuerst Deadlines, dann Meilensteine, wobei Deadlines per se unverschiebbare Termine sind, während Meilensteine im Notfall verschiebbar sein könnten. Deadlines sind z.B. Ende der Vorarbeiten, Ende Literaturarbeit, Ende der praktischen Durchführung und Ende Rohfassung, Ende Korrektur, Satz, Druck, Abgabe. Meilensteine sind etwa „Kopien für Kapitel X vorliegen haben", „Versuch durch weitere Messwerte abgesichert", „Gespräch mit dem Betreuer zu einem Zwischenergebnis geführt", „Konsultation eines Kommilitonen zur Formulierung eines Ergebnisses erfolgreich" usw.

Schreibe nun für die einzelnen Phasen benötigte Ressourcen in deine Planung und prüfe deren Verfügbarkeit. Diese sind zum Beispiel Laborzeit, Gerätenutzung, Zugang und Nutzbarkeit spezieller Räumlichkeiten, Verfügbarkeit von Fachkollegen, Laboringenieuren oder technischem Personal für Konsultationen, oder auch Patienten für Messreihen und Unternehmensmitarbeiter für Befragungen. Trage die Verfügbarkeit deiner Teammitglieder in den Plan ein. Ein Korrekturleser muss vor Ort sein, wenn er lesen und Feedback geben soll. Abschlussarbeiten entstehen meistens in der Urlaubssaison und da liegt mancher Korrekturleser doch lieber in der Sonne am anderen Ende der Welt und möchte auch per Internet nicht belästigt werden.

Nun prüfe, ob die gewünschten Teilergebnisse, Meilensteine und Deadlines in allen Punkten mit der Verfügbarkeit der Ressourcen in Übereinstimmung sind. Die Darstellung als GANTT-Chart hilft, die Übersicht zu behalten. Plane 8-Stunden-Tage von Montag bis Freitag, in denen du vordergründig Informationen sammelst, praktische Tätigkeiten durchführst, die inhaltliche Seite der Arbeit voranbringst. Plane das Wochenende mit 6 Stunden am Tag für das Zusammenschreiben, Sortieren, Werten, Aufarbeiten und für die Reflektion der Ergebnisse, die die Woche gebracht hat. Als Faustregel gilt für die Computerarbeiter: Länger als 6 Stunden am Stück kann man nicht konzentriert lernen, programmieren, rechnen. Die restlichen 2 Arbeitsstunden am Tag dienen eher strukturellen, organisatorischen Tätigkeiten, sowie der Kommunikation.

Aktualisiere deine Planung wöchentlich! Prüfe hierbei, wie weit SOLL- und IST-Stand übereinstimmen. Plane nicht immer nur die nächste Woche, sondern aktualisiere immer die gesamte Planung in angemessen detailliertem Maße, damit es hinten raus nicht explodiert. Ändere die Planung auch entsprechend, wenn sich die Verfügbarkeit deiner Ressourcen verändert hat oder du langsamer oder schneller als geplant vorankommst. Leistungspeaks mit 60 bis 70 Arbeitsstunden pro Woche sind in solchen Arbeitsphasen durchaus normal und erwartbar. Die Planung sollte dennoch auf der 40 Stunden Arbeitswoche basieren. Die Überstunden kommen von allein. Informiere dein Team und die Verwalter deiner Ressourcen kontinuierlich über eventuelle Änderungen in deinem Ressourcennutzungsbedarf. Dies betrifft sowohl zeitliche als auch inhaltliche Änderungen. So kannst du

Engpässe erkennen und rechtzeitig reagieren. Das ist essenziell für erfolgreiches Timing.

6.5.2   Team

Jede akademische Arbeit ist immer eine Teamarbeit. Das Team soll in seiner Grundstruktur, je nach Thema, die folgenden Rollen personell abdecken:

- **Autor** der Arbeit selbst. Die Autorenrolle kann unter Umständen durch mehrere Personen ausgefüllt werden, was von der Art der Arbeit und ihrem Rechtsrahmen (Prüfungsordnung) abhängt.

- **Gutachterrolle**, meistens besetzt durch 2 Gutachter, in der Regel 2 Professoren. Besser ist es, wenn man einen betreuenden Professor an der Hochschule hat und einen zweiten Betreuer aus der Wirtschaft oder einem fremden Institut. Viele Gutachter, viele Probleme. Es ist demzufolge anzustreben, dass zwischen den bestellten Gutachtern ein stabiles und dauerhaft positives Verhältnis erwartet werden kann.

- (Fach)**Betreuerrolle**. Während die Gutachter eher von weitem oder am Ende der Arbeit in Erscheinung treten, sind der/die Betreuer unmittelbar am Erstellprozess der Arbeit beteiligt. Diese Betreuer müssen demzufolge ausgewiesene Fachleute für das Thema sein. Sie müssen vor allem zeitlich in der Lage sein, das Thema fachlich zu betreuen und es muss auch hier eine persönliche Basis vorstellbar sein.

- **Korrekturleserrolle**

  - In der Korrekturleserrolle gibt es zum einen die **fachinhaltlichen Leser**, welche zumeist Kommilitonen, Betreuer, Gutachter oder andere Mitarbeiter in den wissenschaftlichen Arbeitsgruppen des Lehrstuhls oder aus einem thematisch nahestehenden Team des Praxispartners sind. Die fachlichen Leser werden in einem festen Zeitregime mit mehr oder weniger fertigen Auszügen aus der Arbeit konfrontiert mit dem Ziel, begriffliche, **strukturelle und fachinhaltliche Sinnhaftigkeit** sicherzustellen.

  - **Sprachkorrekturleser** sollten vom fachinhaltlichen Kontext nicht allzu weit entfernt sein, müssen aber vor allem sprachlich fit sein, um **Formulierungen zu korrigieren sowie Tippfehler beheben** zu können.

  - **Formberater** sollen die Formalien überwachen, um ein **Scheitern an Formfehlern zu vermeiden**. Das ist in der Regel jemand vom Lehrstuhl oder vom Prüfungsamt, der die ganze Rechtslage kennt und ohne jeglichen Anspruch auf Aktualität einfach schaut, dass alles formell ok ist.

- **Grafiker-/Gestalterrolle**. Jeder kennt jemanden, der mit Grafikprogrammen umgehen kann. Ordentlich bearbeitete Grafiken sind mittlerweile üblicher Standard, aber nicht jeder kann seine Grafiken selbst pixeln, zumal das viel Zeit in Anspruch nimmt. Daher ist es besser, eine Handskizze zu machen und die von jemandem, der sich damit auskennt, pixeln zu lassen.

- **Private Assistenzrolle**. Jemand, der dir zu später Stunde noch einen Kaffee hinstellt, wo du dir auch mal den Frust von der Seele reden kann, z.B. Freund oder Freundin oder Eltern oder der Goldfisch. Bedenke, dass du in dieser Zeit weitgehend ohne Alkohol und Drogen auskommen solltest. Aber auch die Spielekonsole ist tückisch. Gute Freunde nehmen das Ding auch mal in Gewahrsam und blockieren deinen Steam Account, damit du arbeiten kannst.

Die Leute sollen zu Beginn der Arbeit ausgewählt werden und man sollte mit ihnen reden, ob sie bereit sind für die Rolle und ihnen mitteilen, dass sie im Team sind und welche Aufgaben sie darin haben. Es muss jedem klar sein, was man von ihm erwartet und in welchem Zeitraum man es von ihm in welcher Qualität erwartet. Ein Team will auch gepflegt werden! Es will nicht überstrapaziert werden. Die Leute müssen hin und wieder daran erinnert werden, was ihre Rolle eigentlich ist und die wichtigsten Zwischenstände sollten auch dem gesamten Team vollständig zur Kenntnis gegeben werden. Deine persönliche Assistentenrolle kann dich bei der Teampflege unterstützen.

Du bist der Leiter deines Projektes! Das Projekt dient dazu, ein Problem zu lösen oder Fragen zu beantworten, also innerhalb eines bestimmten Zeitraumes klar definierte Ergebnisse und Produkte zu erzeugen. Dieser Prozess ist durch Ressourcen, insbesondere Zeit, begrenzt. Du musst dein Team führen. Die Betreuer und Gutachter befinden sich in vordergründig beratender Position und lassen sich in der Regel nicht führen. Dennoch sind sie auch dankbar für einen organisiert arbeitenden Studenten, dessen Arbeitsweise sich durch Planmäßigkeit, Nachvollziehbarkeit, Transparenz und Ergebnisorientierung, sowie durch gute Kommunikation auszeichnet. Arbeite kooperativ, das ist auch ein Teil der Bewertung am Ende der Arbeit! Du brauchst die Unterstützung deines Teams, also kümmere dich um dieses Team, dann ist es auch für dich da.

6.5.3 Technik

Die benötigte Technik plant sich wie folgt:

- **Themenaufriss und Zielsetzung** anschauen und überlegen, **welche technischen Notwendigkeiten** gegeben sein müssen. Dabei muss man vom Bleistift über das Messgerät bis zum Schreibprogramm ebenso denken wie vom Laborkittel bis zum Teilchenbeschleuniger, wobei insbesondere bei großtechnischen Anlagen die Verfügbarkeit oft stunden- oder minutenweise geplant wird!

- **Liste machen, Was Wann Wofür benötigt wird**. Diese Verfügbarkeit ist vorher zu prüfen und entsprechende Planungsdetails mit allen Beteiligten schriftlich zu fixieren, Anträge sind abzugeben und was sonst noch nötig ist. Hierbei ist eine **Ausweichplanung** zu erstellen, welche **Ausfallrisiken** abfedert, soweit dies mit vernünftigem Aufwand möglich und nötig ist.

6.5.4 Finanzierung

Während der Phase der Abschlussarbeit ist es praktisch unmöglich, einem zeitintensiven Nebenjob nachzugehen. Die eigene Finanzierung muss über die gesamte Abschlussarbeitsphase bis einschließlich Verteidigung + Nachnutzung (Buch drucken usw.) + 4 Wochen gesichert sein. Wichtig ist, dass deine volle, ungeteilte Konzentration der Abschlussarbeit gilt.

Die Finanzierung der Arbeit selbst ist je nach Fach und Thema sehr verschieden. Die Abschlussarbeit ist meist in ein Projekt eingebunden, alternativ dazu muss man Sponsoren finden, bevor es losgeht! Präsentationen, Druck, Fahrtkosten, Kommunikationskosten, aber auch Literatur- und Kopierkosten bis hin zu Bibliotheks- und Fernleihgebühren, zuzüglich für Verteidigung und nachfolgendes Bewerbungsverfahren passende Kleidung und Kosten für Übersetzungen, Schreib- und Lektorats Services sowie Software, Speichermedien und eigene Druckkosten sind Posten, die man vorher durchrechnen und absichern sollte.

6.6 Formalien

Einige Hinweise zu einfachen formellen Dingen scheinen angebracht:

- Recherchiere im Netz nach **Styleguides** deiner Hochschule bzw. deines Institutes für die Erstellung von Abschlussarbeiten und lies sie sorgfältig durch. Dann arbeite danach!

- Suche und **verwende Dokumentvorlagen** für die Erstellung der Arbeit. Modifiziere die Dokumentvorlagen nicht, verwende sie so wie sie sind.

- Suche und verwendete die in deiner Hochschule oder Institut **als korrekt geltenden Zitierweisen**. Verwende im Zweifel die Richtlinien nach Duden.de

- **Termine sind heilig**. Vor allem **Start- und Endabgabetermin sind** *sehr heilig*. Es hat sich selten als erfolgreich erwiesen, die Frist für die Arbeit zu verlängern. Manchmal ist es notwendig, aber sehr selten qualitätsverbessernd. Gib in der Normzeit ab, das macht den besten Eindruck. Kleinigkeiten an der Qualität der Arbeit bringen weniger Punktabzug als Verlängerung.

- **Lies die Studienordnung und die Prüfungsordnung**. Lies, sofern vorhanden, dein Modulhandbuch! Diese Vorgaben liefern Randbedingungen für Inhalt, Bearbeitungszeiten, Formalismen, Ansprechpartner und rechtliche Rahmenbedingungen. Und sie eröffnen Rettungsringe, wenn dies nötig wird.

- Erstelle dir eine **Checkliste für formelle Details der Arbeit**, welche bisweilen in den Hochschulen verschieden sind wie die Form von Literatur-, Quellen-, Abbildungs-, Formel-

und Tabellenverzeichnisse, die Position der Abkürzungsliste und Danksagungen, eidesstattliche Erklärungen über Selbständigkeit und die Einhaltung wissenschaftlicher Standards, evtl. Auftrag für die Erstellung der Abschlussarbeit und was noch so gefordert ist. Jeder dieser Formalismen ist wichtig, hat eine konkrete Form und Position in der Arbeit.

- Eine **eidesstattliche Erklärung in der Arbeit muss handschriftlich unterschrieben werden**! Manche Hochschulen fordern weitere, zum Teil unterschriebene Erklärungen, welche ebenfalls in vorgegebener Formalie beizulegen sind.

- Eine junge Thematik ist der **Nachweis bzw. die Erklärung über die Einhaltung wissenschaftlicher, ethischer und sonstiger Standards**. Dies ist umstritten, weil diese Standards nicht allgemein feststehend und auch nicht zwingend sinnvoll sind. Dessen ungeachtet sind diese Notizen notwendigerweise und termingerecht abzuarbeiten. Es wird zudem ein entsprechender Bezug zu entsprechenden hochschulinternen Dokumenten hergestellt. Prüfe dies rechtzeitig!

- **Hochbegabte** lernen schneller, lesen schneller, denken schneller und verlieren oft epochale Zeiträume mit einfachen Dingen wie dem Ausfüllen von Formularen, dem Eintippen von Messreihen und dem Formatieren von Herleitungen. Setze deine Prioritäten entsprechend, wenn du von Hochbegabung betroffen bist. Du brauchst vielleicht Hilfe im vermeintlich Einfachen, sonst verlierst du wertvolle Zeit für das, was wirklich wichtig ist, nämlich deine Ideen, deine besondere Gedankenwelt, deine Schlussfolgerung! Akzeptiere dein Anderssein und nutze deine Stärken, organisiere deine Schwächen!

7 Gliederung

Die genaue Gliederung einer akademischen Arbeit ist den Richtlinien am jeweiligen Institut zu entnehmen. Grundsätzlich jedoch gilt der allgemeine Aufbau:

- **Einführung**: Motivation, Problem, Ziel, Verortung z.B. in einem größeren Projektrahmen, Hinführung des Lesers zum Thema

- **Theorieteil**: Themenbetrachtung, Literaturüberblick, theoretische Basis, Theoriebildung, Zielsetzungen, methodischer Rahmen für den Praxisteil

- **Praxisteil**: Durchführung der fachwissenschaftlichen Arbeit, Auswertung der Ergebnisse, Darstellung und Würdigung der Erkenntnisse

- **Zusammenfassung**: Fasst die Ergebnisse und Hauptaussagen der Arbeit zusammen, komprimiert die Darstellung der eigenen wissenschaftlichen Leistung

- **Fazit**: Persönliche Sicht auf die Dinge, Wertung, Erfolgsgeschichte der Arbeit, evtl. Kritik am Ergebnis

- **Ausblick**: Möglichkeiten und Notwendigkeiten zur Weiterführung der vorliegenden Arbeit, Ergänzungen, Visionen, Folgeprojekte

- **Anlagen**: Daten, komplexe Diagramme, Abbildungen, Auszüge aus der Literatur wo nötig, Details von Herleitungen, Beweisen, längere Darstellungen zur Ergänzung

- **Danksagung**: Anerkennung für die Unterstützer der Arbeit, Referenz für die Beteiligten

7.1 Einführung

Die Einführung soll den Leser, der prinzipiell Fachmann im Themengebiet der Arbeit ist, abholen und in das konkrete Thema geleiten. Hier spielen **Motivationen** für die Erstellung der Arbeit, die **Problemlage** sowie eventuelles Vertreten von **Interessen Dritter** eine Rolle. Es soll dem Leser plausibel werden, um was es in der Arbeit geht, was der Sinn und Zweck der Arbeit ist, und er soll aus der Einführung der Arbeit heraus in der Lage sein, den sich anschließenden Theorieteil zu verstehen und im Sinne der Arbeit werten zu können.

7.2 Theorieteil

Der Theorieteil beginnt mit der **Aufgabenanalyse**. Gefolgt wird diese zerlegende Betrachtung, welche nun bereits durch die Vorüberlegungen gut vorbereitet ist, von der eingehenden Literaturrecherche. Es wird die gesamte **Literatur zum Thema recherchiert**, die weltweit aus einem fachspezifisch sinnvollen Zeitrahmen verfügbar ist. In der Chemie sind es prinzipiell die letzten 300 Jahre, in der Informationstechnik selten mehr als 10 Jahre. Der Themenaufriss wird mittels der Ergebnisse aus der Literaturrecherche vertieft und ergänzt, ggf. auch korrigiert. Nachdem man den aktuellen Stand des globalen Wissens zum Thema zusammenfassend dargestellt hat, muss man sich ggf. für eine Lehrmeinung entscheiden, wenn verschiedene Anschauungen vertreten werden. Die **Entscheidung für diese oder jene Lehrmeinung** sollte mit den Betreuern und Gutachtern abgesprochen werden, um diesbezügliche Diskussionen zu vermeiden.

Der **Theorieteil führt zu den Thesen**, die bearbeitet werden sollen. Es soll beschrieben werden, wie du die praktische Arbeit durchführen wirst und es sollen alle theoretischen **Vorüberlegungen** für die praktische Arbeit angestellt und notiert werden. Wie weit man die Planung der praktischen Tätigkeit im

Theorieteil ausarbeitet, oder ob es einen separaten **Methodenteil** gibt, der quasi als Mittelstück eingeordnet wird, hängt von der jeweiligen Arbeit ab. Die Formulierung einer **Erwartungshaltung** zu den gewünschten Ergebnissen schließt diese methodischen Betrachtungen ab.

In manchen Fachrichtungen ist es üblich, eine Theorie zu formulieren. Dies steht bewusst etwas separat, weil es in aller Regel nicht beherrscht wird und weil die Themen heute, anders als vor hundert Jahren, so spezifisch, konkret und inhaltlich schmal angelegt sind, dass gar keine Theoriebildung möglich oder sinnvoll wäre. Die Theoriebildung ist zudem rein vom Umfang her eher Dissertationen vorbehalten. Die straffen Zeiten für Bachelor- und Master Thesis lassen diesen Arbeitsaufwand in der Regel nicht zu. Man sollte dementsprechend auch darauf verzichten, eine Theorie aufstellen zu wollen, wenn man nicht schon im Vorfeld der Arbeit von akuter Genialität geplagt wird.

7.3 Praxisteil

Der Praxisteil beginnt mit einer genauen Darstellung dessen, was tatsächlich geschieht. Die tatsächliche Messanordnung, äußere Bedingungen, Abweichungen vom Plan mit entsprechender Begründung werden ebenfalls dokumentiert. **Im Theorieteil steht, was gemacht werden soll und im Praxisteil steht, was tatsächlich gemacht wurde und wie, also die Dokumentation.**

7.4 Zusammenfassung

Der Abschluss des Praxisteils ist die Auswertung oder die Grobauswertung, wenn man eine umfassendere Auswertung von Details in einem separaten Kapitel anlegen möchte. **Die Auswertung soll die erhaltenen Ergebnisse zusammenfassen, werten, interpretieren, erklären und einen Vergleich zwischen dem im Theorieteil geforderten und dem im Praxisteil erreichten Arbeitsstand anstellen.** Differenzen sollen diskutiert oder begründet werden. Auch Fehlschläge sollen dokumentiert werden, um Probleme in späteren Arbeiten zum Thema zu vermeiden. **Probleme, besonders bewährte Arbeitsweisen, best practices und Dos and Don'ts sollen notiert werden**. Die Auswertung soll eine kurze **Zusammenfassung der Hauptergebnisse** liefern. Teilergebnisse werden in der Regel in die Anlagen verbannt.

7.5   Fazit

Das **Fazit ist der einzige Teil der Arbeit, wo eine persönliche Wertung notiert werden kann**, während der Rest der Arbeit weitgehend ohne persönliche Wertung angelegt werden soll.

7.6   Ausblick

Der Ausblick beinhaltet eine Sammlung all jener **Untersuchungen, die sachlogisch im Anschluss an die Fertigstellung der Arbeit geschehen soll(t)en**. Weiterhin werden solche Themen erwähnt, die im Verlauf der vorliegenden Arbeit unsichere oder unvollständige Ergebnisse lieferten. Auch Arbeiten, die zwar geplant, aber dann nicht durchgeführt werden konnten, werden genannt, Ideen für Folgeprojekte und Perspektiven für den Einsatz der entstehenden Produkte sind im Ausblick von Wert.

7.7   Anlagen

Datensammlungen, größere Diagramme, detailliertere Abbildungen und Zwischenberechnungen werden in die Anlagen verbannt, wie Umfrageergebnisse, Fotografien oder Ausdrucke von Messgeräten. Rohdaten werden elektronisch auf Datenträger beigelegt. Der Anhang soll all jene Daten darstellen, die notwendig sind, um Behauptungen, Aussagen, Rechenergebnisse im Theorieteil und insbesondere im Praxisteil zu unterlegen. Im Praxisteil werden nur die übersichtlichen Varianten von Messwerten und Bildern wie verkürzte Tabellen und Diagramme,

Bildausschnitte usw. verwendet. Die ausführlichen Darstellungen der Originaldaten werden im Anhang und gegebenenfalls auf einem ISO Standarddatenträger mitgeliefert. Damit sichert man die Authentizität, also die tatsächliche Urheberschaft der Arbeit. Dazu gehören auch ausführliche Darstellungen von Herleitungen und Beweisen. Die Sicherung von Daten auf den örtlichen Wissenschaftsservern, wie z.B. OpARA, ist ebenfalls zu realisieren.

7.8   Danksagungen

Zu diesem Thema gibt es kontroverse Sichten. Grundsätzlich ist die Danksagung einfach eine Form von Anstand, sie sollte dir ein Bedürfnis sein. Sind die Betreuer und das Team so schlecht gewesen, dass man die Danksagung nicht schreiben kann, ohne sich zu verbiegen, dann mag das vielleicht eine Ausnahme sein. Aber eigentlich ist es meistens so, dass die Betreuer unentgeltlich viel Zeit und Kraft in die Arbeit investieren, ohne irgendeinen relevanten Vorteil davon zu haben. Man darf zumindest Danke sagen. Das ist keine Schleimerei, sondern eine Würdigung des Aufwands einmaliger Lebenszeit, den das Team für die Erstellung deiner, nicht ihrer, Arbeit geleistet hat. Weiterhin ist die Nennung in der Danksagung die einzige Stelle, wo die Teammitglieder genannt werden können. Auf dem Deckblatt stehen nur die Gutachter. Damit wird die Danksagung zur (schwachen) Referenz für die Teammitglieder, wenn man benennt, was die einzelnen Leute konkret in das Projekt eingebracht haben.

8 Kommunikation

Was du nicht sagst, kann niemand diskutieren! **Diskutiere deine Erkenntnisse regelmäßig, am besten täglich, mit Betreuern und Kommilitonen. Wissen entsteht durch Kommunikation von Informationen. Wissen ist die Verknüpfung von Information**, es besteht also stets ein individuelles Wissen, es ist einmalig. Und es ist es wert, kontrovers diskutiert und umstritten zu werden. Nur durch sorgfältiges Schleifen wird ein Messer scharf.

Verwirkliche das KISS Prinzip auf jeder Seite! **KISS - Keep It Short and Simple!** Bemühe dich, die wichtigsten Aussagen kurz und einfach zu formulieren. Dies setzt voraus, inhaltlich auf dem darzustellenden Punkt zu sein. Diese Konzentration ist anstrengend aber sie verbessert die Qualität, reduziert Missverständnisse und ist in der Bilanz enorm effizient.

Verwirkliche das DRY Prinzip: **Don't Repeat Yourself!** Wenn eine Erkenntnis gewonnen wurde, formuliere sie sorgfältig aus. Notiere sie als Teil deiner Arbeit schriftlich um sicherzustellen, dass die Erkenntnis nicht verloren geht und dass du sie immer wieder siehst und eben nicht wiederholt dieselbe Erkenntnis triffst. Verweise in der Folge nur noch auf diese Stelle und bringe eventuelle Ergänzungen oder Modifikationen an dieser Stelle ein.

Write Weekly Reports! Erstelle jede Woche einen Statusreport für deine Betreuer. Das ist eine E-Mail mit im Schnitt fünf Anstrichen, die auf „erledigt", „in Arbeit" oder „Diskussionsbedarf" enden. Es werden nur Dinge aufgeschrieben, die intensiv genug bearbeitet wurden, um zu dem Betreuer eskalierbar zu sein. Eskalierbar heißt, dass das Problem wichtig genug und weit genug bearbeitet ist, dass man den Betreuer ruhigen Gewissens damit belästigen darf. Sinn dieses Reports ist es, dass die Betreuer kontinuierlich auf dem aktuellen Stand sind und rechtzeitig eingreifen können, wenn es zu langsam oder in die falsche Richtung geht. Der Student erstellt auf diesem Weg für sich selbst ein **Fortschrittsprotokoll**, um stets zu wissen, was genau der aktuelle Stand an Erfüllung, Erkenntnissen und Aufgaben ist. Man vermeidet so Selbsttäuschung und steigert die Effizienz und Sicherheit.

Erstelle **Gesprächsprotokolle**! Führe ein Gesprächsprotokoll in jedem Gespräch mit deinem Betreuer. Grund: Hinweise, die direkt in die Arbeit einfließen, müssen korrekt zitiert werden als „persönliche Mitteilung von XY am TT.MM.JJJJ". Alle diese persönlichen Mitteilungen sind im Zweifelsfall durch Gesprächsprotokolle zitierbar zu belegen! Vorlagen für solche Protokolle gibt es im Netz. Sie entstehen aus eigenen Stichpunkten, die man mitschreibt, zusammenfasst und präzisiert. Ein weiterer Vorteil besteht darin, dass man offene Fragen nicht vergisst und eventuelle Unklarheiten auch im Nachgang noch gut rekonstruieren und nachfragen kann. Wird ein Protokoll geführt, kann man die nächste Besprechung darauf beziehen und es gibt viel weniger Missverständnisse und nachträgliche Verbiegungen.

Arbeite nach einem **Kommunikationsplan**, der am Anfang der Arbeit erstellt wird, um zu sichern, dass alle Beteiligten hinreichend langfristig Kommunikationstermine vereinbaren und im Kalender fixieren können. Eine kurzfristige persönliche Nachfrage zur Machbarkeit der Termine im Sinne einer freundlichen Erinnerung empfiehlt sich trotzdem. Der Plan sollte die **strategisch wichtigsten Termine sichern** wie Kennenlernen, Themenabsprache, Zwischenstand Literatur, Review zum Abschluss der Literatur- und Theoriearbeit, Zwischenstand Praxisteil, Review Praxisteil, Korrekturlesen fachlich, Korrekturlesen sprachlich, Sicherung der Formalien, Abgabe. Dieses planerische Grundraster kann man natürlich anpassen.

Führe von Anfang an ein Glossar und mache dies allen Beteiligten zugänglich. Das Glossar soll alle **Fachbegriffe sowie deren Synonyme und Abkürzungen** enthalten. Dies ist insbesondere bei Laborslang, branchenüblichem Ductus oder sprachlicher Eleganz von großem Wert. Weiterhin ist bei den Begriffen zu bedenken, dass das Eindeutschen von üblicherweise fremdsprachlichen Fachbegriffen im Zweifelsfall verzichtbar ist. Ein fremdsprachlicher, aber treffender Begriff ist stets besser als eine unglückliche oder gar falsche Übersetzung. So gibt es z.B. keine evidente Übersetzung für Evidenz aus der englischen in die deutsche Sprache, es bleibt in jedem Falle bei einer schlechten Näherung. Das **Glossar ist am Anfang der Arbeit am leichtesten zu erstellen**, weil einem da die Fachbegriffe noch neu erscheinen oder zumindest eine bewusste Wahrnehmung dafür besteht. Mit Voranschreiten der Arbeit werden die Begriffe aber selbstverständlich und man vergisst, sie explizit zu benennen.

Sichere eine zuverlässige **Begriffswelt**. Alle Kommunikationsteilnehmer, die zu irgendeinem Zeitpunkt etwas zum Thema sagen sollen, müssen unter einem Wort, z.B. einem Fachbegriff, immer das Gleiche verstehen. Dementsprechend hat ein **Begriff einen Bezeichner, einen Umfang** (seine inhaltliche Bedeutung) und **einen Gültigkeitsbereich,** in dem man den Bezeichner im Sinne seiner inhaltlichen Definition als gemeinsamen Konsens betrachtet. Stelle vor Beginn der Arbeit sicher, dass du die **Begriffsbildung als wissenschaftliche Arbeitstechnik** beherrschst! Innerhalb einer Arbeit muss jeder verwendete **Begriff eindeutig und mit allen anderen Begriffen inhaltlich konsistent und widerspruchsfrei** sein.

9 Best Practice Collection

- Die **Strategie für die Abschlussarbeit** wird durch persönliche Zielstellungen und die gewählte Art der Arbeit vorbestimmt. Wähle diese Form sinnvoll und praktisch aus und lege sie als veränderbaren Rahmen an.

- Jede Arbeit wird für jemanden geschrieben. Du schreibst sie nicht für dich allein. Du schreibst sie auch für den oder die Gutachter, in deren Weltbild die Arbeit passen muss. Die **Gutachter müssen die Arbeit verstehen, akzeptieren, sich für das Thema interessieren und idealerweise ein wenig Spaß an der Betreuung mitbringen**. Hat man zudem Sponsoren, muss man sorgfältig prüfen, welchem Herren man dienen will und muss. Bei Wirtschaftsarbeiten gibt es den Spagat zwischen Unternehmen und Hochschule, auf welchen sich einzulassen bisweilen mutig ist. Die Gutachter, Sponsoren und sonstigen Stakeholder sind hinsichtlich Zielsetzung, Umfang, Inhalt und Bearbeitungszeit unter einen Hut zu bringen. Gelingt dies nicht, ist der Rahmen der Arbeit ernsthaft zu überdenken, um den Erfolg nicht zu gefährden.

- **Dein Betreuer ist dein Vorbild, dein Gutachter ist dein Schicksal**. Wenn Betreuer oder Gutachter etwas publiziert haben (Zeitschriften, Webseiten, Bücher), dann ist entsprechend eifrig zu zitieren oder wenigstens Kenntnis zu sichern. So bekommt die Arbeit gewissermaßen eine geistige Heimat.

- Dem Betreuer nachzueifern oder sich an den Betreuern zu orientieren, ist keine Schleimerei, sondern Pragmatismus. Der Betreuer ist das beste verfügbare Vorbild, also nimm dies und lerne, was immer du in der Zeit lernen kannst: auf fachlicher Ebene, aber auch was Arbeits- und Organisationsweisen angeht und, mit etwas Glück, ein paar Weisheiten fürs Leben. Die Chance eines so engen persönlichen Betreuungskontaktes ist selten. Nutze sie dankbar und respektvoll! Ein Betreuer leistet nicht mehr als ihm angemessen erscheint und dies wiederum richtet sich nach Intensität und Qualität der Anfragen des Studenten und ein wenig nach dem bilateralen Verhältnis.

- Der Anstrengung einer solchen Abschlussarbeit entsprechend ist ein **arbeitsfreies Wochenende aller vier Wochen** im Verlauf der gemeinhin 3- oder 6-monatigen Arbeiten eine gute Investition, um **neue Kräfte zu sammeln und ein wenig inneren Abstand zum Thema** zu bekommen. Ein wenig frische Luft und Tageslicht, ein Stück Kuchen bei Mutti und etwas Zeit mit den Liebsten sind Treibstoff für Hirn und Seele, um danach mit klarer Sicht in den nächsten Monatssprint zu starten. Bewegung ist wichtig, ebenso Ernährung. Leichte Nahrung lässt Gedanken fliegen, schweres Futter hält Gedanken im Bauch fest. Bewegung in den Knien und Füßen ermöglicht Bewegung auch im Kopf.

- Es ist strategisch wichtig, dass man **Freund oder Freundin sowie den engen Freundeskreis und Familie rechtzeitig darauf einstimmt, dass man für einen definierten Zeitraum, nämlich Annahme des Themas durch die Hochschule bis Abgabe der Arbeit, in sehr begrenzter Weise verfügbar ist und dennoch jeglicher externen Unterstützung bedarf.** Dass man weiterhin in höchstem Maße angespannt und dementsprechend nicht immer sehr liebenswert jeden Tag aufs Neue bis zur Erschöpfung und manchmal auch Verzweiflung tätig ist, sollte ebenfalls erwähnt werden. Die meisten Studenten reagieren besonders im letzten Drittel ihrer Abschlussarbeit auch auf Kleinigkeiten recht sensibel. Du brauchst deine Umwelt in dieser Zeit mehr denn je und danach auch irgendwie. Bitte am besten vorher schon um Vergebung für alles, was du während dieser angespannten Zeit sagen wirst.

- **Organisiere** für dich und dein Team **sichtbare Erfolge:** In der Literaturarbeit kann man sehr viel Zeit verlieren, allerdings kann man ein wachsendes Literaturverzeichnis gelegentlich ausdrucken und ebenso den Literaturteil in einzelnen Abschnitten notieren. Das **macht Fortschritt sichtbar und greifbar.** Teammitglieder können auch rechtzeitig die rote Flagge heben, wenn die Literaturarbeit auszuufern beginnt. Teile die praktische Arbeit so auf, dass das, was rauskommen soll, zu definierten Terminen tatsächlich sichtbar auf dem Tisch liegt. Eine gute Strategie dafür ist es, **produktorientiert** zu **planen.** Sage also nicht, "Ich mache jetzt eine Woche Bibliotheksarbeit.", sondern: "Ich habe am Freitag dieser Woche diese und jene Bücher und Fachartikel gefunden, kopiert, gelesen und in meiner Literaturverwaltung zusammengefasst und referenziert".

- **Verwende ein Literaturverwaltungsprogramm**, z.B. Citavi. Beginne mit der Literatursammlung lange vor der Arbeit, denn hier lauern riesige Chancen und unergründliche Tiefen!

- **Know your tools: Wähle _vor_ Arbeitsbeginn die zu verwendende Software, installiere sie und mache dich mit den Systemen intensiv vertraut.** Was du nicht beherrschst, wird dir im Weg stehen und nicht nutzen! Gleiches gilt für alle benötigten Geräte, Maschinen, Hilfsmittel, Requisiten usw.

- **A fool with a tool is still a fool.** Technik macht dir das Leben leichter und kann dir viel stupide Arbeit abnehmen. Schlechte Planung, fehlende Konzeption, fachinhaltliches Unverständnis und **gnadenlose Unkenntnis der Dinge lassen sich durch Technik nicht kompensieren! Struktur**

entsteht nicht durch das Gerät. Das Gerät unterstützt eine vorhandene Struktur, die der Mensch etablieren muss.

- Ein **Blick in Wikipedia ist keine Literaturrecherche**! Wikipedia ist ein guter Startpunkt, um sich in ein neues Thema einzulesen, eine schnelle Vorstellung vom Thema zu bekommen, angrenzende Begriffe kennenzulernen und in den Quellennachweisen Anstöße oder Startwerte für die eigentliche Literaturrecherche zu gewinnen.

- **Ask Google, before you ask dumb questions!**

- **Backup**, täglich mehrmals und auf mehr als einem Medium/Ort. Frage den Nerd deines Vertrauens, wie man das effektiv schafft, wenn du es selbst nicht kannst. Gib ihm so viel Pizza und Cola wie er will. **Sichere deine Daten!**

- **Gegenleser nicht leichtfertig verbrauchen!**

  o Spätestens das dritte Lesen einer Arbeit führt dazu, dass die Änderungen nicht mehr vollständig wahrgenommen und Fehler überlesen werden. Es gilt als **Faustregel, dass ein fachlicher Gegenleser die Arbeit 3-, höchstens 5-mal lesen darf,** weil alle weiteren Lesungen keine Fehlerwahrnehmung mehr ermöglichen. Bei den sprachlichen Gegenlesern wird in der Regel in der dritten Lesung schon keine sicherere Fehlererkennung innerhalb weniger Tage oder Wochen möglich.

  o Gib deine Arbeit **niemals gleichzeitig an mehr als einen Gegenleser.** Wenn du das Feedback von einem Gegenleser bekommst, kannst du davon ausgehen, dass der andere Gegenleser mindestens 3/4 der Kommentare in gleicher Weise präsentieren wird. Dies führt zu einem unnötigen Verbrauch von Gegenlesern ohne nennenswerten Informationsgewinn.

- o **Sichere erst das fachliche Gegenlesen**, lasse sprachliche und formelle Dinge erst dann prüfen, wenn deren Korrektur nicht mehr durch inhaltliche Änderungen überschrieben wird.

  - o Wenn du deine Arbeit zum Gegenlesen gibst, **formuliere exakte Ziele für diese Review**. Nicht: "Schau mal rein, ob dir was auffällt", oder "Guck mal, ob das so geht", sondern "Finde bitte alle Rechtschreibfehler", oder "Prüfe bitte die Umkehr der Polarität und die erhöhte Energie auf den Schilden. Ist Hüllenintegrität nach dem Torpedoangriff noch stabil?".

- Bedenke, **dass deine Arbeit auch in verarbeitbarer elektronischer Form vorliegen muss**, damit sie durch den Plagiatescanner geprüft werden kann. Das Zitieren war noch nie so leicht wie heute, aber das Erkennen von geklauten Texten war auch noch nie zuvor so einfach. Das Gleiche gilt für Bildnachweise. Bei besseren Plagiatescannern können auch Bilder, Grafiken und Diagramme überprüft werden. D.h. neben der Literaturarbeit selbst und dem Zitieren, ist der Quellennachweis von großer Bedeutung.

- Es gibt ein paar **Begriffe der wissenschaftlichen Arbeit**, die unabhängig vom eigenen Fachgebiet und dem Thema der eigenen Arbeit betrachtet werden sollten. Zum Beispiel: *das Axiom, die Aussage, Agrippas Trilemma, die Behauptung, der Begriff, die Definition, die Falsifikation, der Beweis, der Satz, das Postulat, das Lemma, die These, Dogma, Verifikation, Validierung, Empirie, Theorie, die wissenschaftliche Diskussion, die Untersuchung, die Analyse, das Experiment, der Versuch, die Modellbildung, die Widerspruchsfreiheit.* **Kläre vor Beginn deiner Arbeit, was es mit diesen Werkzeugen der wissenschaftlichen Arbeitsweise auf sich hat.** Ja, das solltest du alles wissen, aber dieses Heft entsteht letztlich aus Erfahrungswerten.

10 Exemplarischer Durchlaufplan

10.1 Terminvereinbarung

- Zwischenberichte:

  - Wöchentlicher Heartbeat (kurze Mails) an Betreuer freitags bis 16 Uhr

  - Kompletter Zwischenstand letzter Freitag im Monat an alle, die es interessieren könnte

- Termin Themenreview Mi 2. KW → Doodle

- Termine Mitarbeiterinterviews KW 4 und 5 → Doodle

- Termine Review Umfrageergebnisse und Ausrichtung der Arbeit Mo u. Mi KW 6 → Doodle

10.2 Vorarbeiten

- Rechercheergebnisse Teil 1 Mi in KW 7

- Rechercheergebnisse Teil 2 Mi in KW 8

- Literaturteil first draft Mi KW 9

- Literaturteil nachrecherchiert und überarbeitet Mi KW10 (Danger: Wochenende ggf. mit nutzen, wird sonst? knapp)

- Literaturteil an Korrekturleser Fr in KW10, Dr. Pumpelhuber zuerst, dann Dr. Hülsensack

10.3 Praxis

- Termin mit Dr. Pumpelhuber für Review der Simulationsergebnisse vereinbaren, KW 13 wäre ideal → Doodle

- Modell aus Umfragedaten Fr in KW 11 (Danger: kein Puffer)

- Modelltest, Simulationen Mi in KW 12

- Review Ergebnisse Mi in KW 13 (Dr. Pumpelhuber)

- Erste Fassung Praxisteil mit Korrekturen und vollständiger Simulation Mi in KW 15

- Review Praxisteil mit Dr. Hülsensack Fr in KW 15

- Inhalt finishen Mi in KW 16

10.4 Auswertung

- Langes Wochenende Do KW 16 – Sonntag → Lisa und Apfelstrudel sicherstellen, Kaffee bei Mutti am Samstag!

- Auswertung und Rohfassung schreiben Mi KW 17

- Korrekturen Literaturteil einarbeiten und Gesamtwerk überarbeiten Fr in KW 17 (Danger: knapp)

- Korrekturexemplar an Dr. Hülsensack am Mi KW 18 mit Bitte um Content Segen bis Freitag KW 18

- Feedback von Dr. Hülsensack einarbeiten und Korrekturexemplar an Dr. Pumpelhuber mit Bitte um Fach- und Formsegen und Feedback bis Mittwoch Sonntagabend KW 18 (Danger: Wochenende ohne Lisa)

- Termin für Challenge mit Paul vereinbaren (Bier!)

10.5 Abschluss

- Korrekturleserexemplar Rechtschreibung an Tante Ingeborg Freitagabend KW 19 (Danger: selbst vorbeibringen, dauert länger)

- Challenge mit Paul: Alle Grafiken, Ergebnisformulierungen, Konsistenz, Paul als Advocatus Diaboli Sa/So KW 19

- Letztes Feedback einsammeln, Korrekturen einarbeiten, fertigstellen, Druckvorlage an Copyshop Die KW 20

- Arbeit abholen Do KW 20 und an Betreuer und Hochschule bringen, Abnahmeerklärung unterschreiben lassen, elektronische Versionen versenden und auf Wissenschaftsserver hochladen, was noch fehlt

10.6 Hoffnung

- in die Kirche gehen und ganz viele Kerzen anzünden

- Auszeit, Sport, Erholung

- nicht in die Arbeit schauen!!!

- Daten und Papier aufräumen, Spuren der Arbeit beseitigen

- etwas Nützliches tun (Lisa, Bier, Apfelstrudel)

10.7 Spezielle Checklisten

- Literaturrecherche

  - Zeitplan Bibliothek

  - Zeitplan Webrecherche

  - Thesen aufstellen

  - Literaturschwerpunkte setzen

  - Literatur bestellen, raussuchen, kopieren

  - lesen

  - Literaturstellen sammeln und in CITAVI einpflegen

  - Dr. Pumpelhuber fragen wegen spezieller Literatur

- Fragebogen aus Literatur heraus ableiten

- Praxisteil

- o   Interviews führen

- o   eigene Statistik gegen Literaturstatistik challengen

- o   Statistik auswerten (vorfiltern, sondieren mit Paul)

- o   Messungen zur Überprüfung der Mitarbeiteraussagen durchführen

- o   Messdaten auswerten und gegen die Statistiken aus Literatur und Umfragen prüfen

- Auswertung der Ergebnisse, Zusammenschreiben

  - o   Gliederung überarbeiten, Einleitung und Begriffsteil aktualisieren

  - o   Literaturteil rausgeben

  - o   Hauptteil Praxis schreiben

  - o   Korrektur Timeline aktualisieren

  - o   Korrekturen einarbeiten

  - o   Schluss, Ausblick, Fazit schrieben

  - o   Verzeichnisse, Tabellen, Grafiken fertig machen

  - o   letzte Korrekturen

  - o   Latest Challenge mit Paul

  - o   Arbeit druckfertig machen

  - o   Drucken und binden und abgeben

- Verteidigung vorbereiten

  - o   Arbeit nochmal lesen

  - o   Vorbereitungsmeeting mit Drs. Pumpelhuber und
    ·   Hülsensack einrichten

  - o   neuen Anzug mit Mutti sicherstellen

o   Poster erstellen

o   PowerPoint erstellen

o   Vortrag durchspielen (Lisa, Paul)

o   Hinweise zu Inhalt und Ergebnis der Gutachten ausspionieren

o   letzter Schliff und Go!

Der Autor

Hans-Jörg Günther ist Lehrbeauftragter für verschiedene Themen aus dem Gebiet der Softwaretechnik an verschiedenen Hochschulen. Neben einem Diplom in Chemie und einem Master in Berufspädagogik bringt er die unternehmerische Erfahrung aus über zwanzig Jahren in der IT-Wirtschaft mit. Erfahrungen in der Betreuung von über 40 Diplom- und Bachelorarbeiten in Informationstechnik, Wirtschaft und anderen Fächern ermöglichen einen praktisch erprobten Blick auf die erfolgreiche wissenschaftliche Abschlussarbeit.